U0251380

编委会

高等教育医学类"十四五"系列规划教材

假肢矫形器制作工艺

PROSTHETIC AND ORTHOTIC
FABRICATION TECHNIQUES

周 勇 主编

四川大学出版社
SICHUAN UNIVERSITY PRESS

图书在版编目（CIP）数据

假肢矫形器制作工艺 / 周勇主编. — 成都：四川
大学出版社，2023.9
ISBN 978-7-5690-6378-3

Ⅰ．①假… Ⅱ．①周… Ⅲ．①假肢－制作－医学院校
－教材②矫形外科学－医疗器械－制作－医学院校－教材
Ⅳ．① TH789

中国国家版本馆 CIP 数据核字（2023）第 192339 号

书　　　名：假肢矫形器制作工艺
　　　　　　Jiazhi Jiaoxingqi Zhizuo Gongyi
主　　　编：周　勇
丛 书 名：高等教育医学类"十四五"系列规划教材

丛书策划：侯宏虹　周　艳
选题策划：龚娇梅　周　艳
责任编辑：龚娇梅
责任校对：张　澄
装帧设计：叶　茂
责任印制：王　炜

出版发行：四川大学出版社有限责任公司
　　　　　地址：成都市一环路南一段 24 号（610065）
　　　　　电话：（028）85408311（发行部）、85400276（总编室）
　　　　　电子邮箱：scupress@vip.163.com
　　　　　网址：https://press.scu.edu.cn
印前制作：四川胜翔数码印务设计有限公司
印刷装订：成都金阳印务有限责任公司

成品尺寸：185 mm×260 mm
印　　张：16.75
字　　数：424 千字

版　　次：2023 年 11 月 第 1 版
印　　次：2023 年 11 月 第 1 次印刷
定　　价：78.00 元

扫码获取数字资源

四川大学出版社
微信公众号

序 一

2016 年 10 月，国务院发布了《关于加快发展康复辅助器具产业的若干意见》（国发〔2016〕60 号），明确了康复辅助器具行业的发展方向。康复辅助器具行业是包括了产品制造、配置、研发、设计等行业的新兴产业。目前国内已有本科院校开办假肢矫形工程专业，也有院校在生物医学工程或其他专业招收该方向的研究生，《假肢矫形器制作工艺》的出版必将有助于假肢矫形相关专业人才的培养。

《假肢矫形器制作工艺》详细全面地介绍了假肢矫形器在设计、制造、装配中的基础知识，包括假肢矫形器基础知识，下肢假肢、上肢假肢、高温热塑矫形器、低温热塑矫形器的制作，假肢矫形器的计算机辅助设计与制造等内容，详细展示了为患者制作假肢及矫形器前的临床检查和评估、取型、修型、制作、成型、佩戴、调试、成品交付等矫形器和假肢配置的全过程，为假肢矫形器制作人员快速上手并提高操作技能提供全面的制作工艺示范。

周勇老师是四川大学华西医院康复医学中心假肢矫形中心一名资深的假肢矫形器师，在假肢矫形器行业工作三十余年，曾担任卫生部组织的 2008 年 "5·12" 汶川大地震伤员截肢术后假肢安装专家小组成员，具有十分丰富的假肢矫形器制作经验，特别擅长小腿假肢、脊柱侧凸矫形器、截瘫行走矫形器及低温热塑矫形器的设计及制作，发表了《地震伤员下肢假肢安装前的处理及功能重建》《硅胶内衬套治疗地震挤压伤截肢术后 1 例报告》，参与起草中国《假肢、矫形器营销规范》行业标准，获得实用新型专利 5 项。本书是假肢矫形器师周勇毕生所学和临床实践的总结，深刻体现了其对假肢矫形专业的热忱和精湛的技术。本书编写团队由国内从事康复工程学的资深工程师和假肢矫形器临床工作的医务人员组成，为本书内容的科学性、客观性和规范性提供了专业保障。

本书可作为大专院校康复工程、假肢矫形工程专业学生的教材，也可以为从事康复医学、康复治疗学等临床和科研的康复相关专业人员提供参考。希望本书的出版能为中国康复的高质量发展贡献华西的力量！

何成奇

2023 年 4 月于成都

序 二

2016 年 10 月 23 日，国务院发布了《关于加快发展康复辅助器具产业的若干意见》（国发〔2016〕60 号），为康复辅助器具产业的发展奠定了坚实的基础，指出了明确的发展方向。康复辅助器具是改善、补偿、替代人体功能，实施辅助性治疗，以及预防残疾的产品。国家标准《康复辅助器具 分类和术语》（GB/T 16432—2016）将康复辅助器具分为 12 个主类、132 个次类，总共约 980 个分类。我国是世界上康复辅助器具需求人数最多、市场潜力最大的国家。近年来，我国康复辅助器具产业规模持续扩大，产品种类日益丰富，供给能力不断增强，服务质量稳步提升。当前，我国经济发展进入新常态，全球迎来新一轮科技革命与产业变革，给提升康复辅助器具产业核心竞争力带来新的机遇与挑战。矫形器和假肢是重要的康复辅助器具，矫形器是矫正神经、肌肉和骨骼系统的结构和功能的体外装置；假肢是替代人体缺失的某一部位的全部或部分的体外装置。好的康复辅助器具，特别是矫形器和假肢，必须针对患者自身的功能障碍特点和康复需求，运用工程技术和人体生物力学的原理，因人而异地进行设计、制作和适配。因此，要求制作康复辅助器具的工程技术人员，尤其是制作矫形器和假肢的工程技术人员，不仅要掌握矫形器和假肢设计与制作的理论知识和技能，还必须熟悉矫形器和假肢的制作工艺。在这种背景下，《假肢矫形器制作工艺》的出版无疑是康复辅助器具行业一件有重大意义的事。

《假肢矫形器制作工艺》详细全面地介绍了假肢和矫形器的基础知识，上肢假肢、下肢假肢、上肢矫形器、下肢矫形器、脊柱侧凸矫形器等假肢和矫形器主要产品的制作工艺，包括患者检查、取型、修型、成型、适配、调整、检查、成品交付等假肢和矫形器制作流程，详细介绍了假肢和矫形器制作的每道工序的要求、注意事项，使用的设备和工具、材料等，能指导假肢和矫形器的实际制作，既可以作为假肢和矫形器行业从业人员的实际操作技术手册，又可以作为大专院校康复工程专业指导假肢矫形器实际操作的实验教材。

《假肢矫形器制作工艺》由在假肢和矫形器领域长期从事教学、科研、实践工作的专家编写。他们既具有生物力学、临床医学、材料学、信息系统学和制造学等多学科的基础理论知识，又具备机械制造、电子技术、材料应用等实际操作技能。在本书的编写过程中，各位专家结合自身在假肢和矫形器制作中的丰富经验，为假肢和矫形器制作的规范和发展做出了自己的贡献。

由于假肢和矫形器制作技术仍在不断发展和更新中，新材料、新技术、新产品将不断涌现，也必将产生新的矫形器和假肢制作工艺，期待本书的编写团队继续积累，将更多更好的技术成果展显给诸位读者。

杨成瑞

2023 年 3 月

前　言

假肢矫形技术是康复医学的重要组成部分，是一门使残疾人及功能障碍者在可能范围内最大限度地恢复功能、回归家庭、回归社会的应用性技术。20 世纪 80 年代，假肢矫形技术进入我国，相关专业人员组建成立假肢矫形协会，成立专门的假肢矫形机构和专科，同时学校开设假肢矫形专业。目前，国内有 8 所本科院校设置了假肢矫形工程专业，每年招生 200 余名，少数学校在生物医学工程或其他专业下招收该方向研究生。假肢矫形技术也得以不断进步和发展。但应该注意的是，目前国内假肢和矫形器行业技术人员的实际操作技术存在参差不齐的现象，为了提高假肢矫形器制作人员的操作水平，我们结合近年国内外假肢矫形器技术的发展成果和临床实践，特邀杨成瑞、刘劲松、陈向东、王谦等专家编写了本书。本书详细全面地介绍了肩离断假肢、上臂假肢、前臂假肢、髋离断假肢、大腿假肢、膝离断假肢、小腿假肢、塞姆假肢、Walkabout 步行系统、踝足矫形器、脊柱侧凸矫形器、低温热塑矫形器、高温热塑矫形器、计算机辅助设计与制造假肢矫形器等的制作工艺流程、要点难点和注意事项，是一本易读易懂，能详细指导实践的技术指导手册。

本书编写过程中，主编结合自身三十多年从事假肢矫形器工作的经验，博采众长，参阅了大量假肢与矫形器专业相关书籍，在书中更新了部分临床制作假肢矫形器的新技术，把实践指导贯穿于每个章节的假肢矫形器制作中。本书参编人员多具有二十年以上的假肢矫形器制作经验，力争为读者带来实际的指导作用。

本书为国内首部指导假肢和矫形器实践操作的教材，待改进之处还有很多，敬请读者和假肢矫形器学业内人士批评指正，以待再版时修订。在此，衷心感谢行业内人士对本书的贡献和支持！

周　勇

四川大学华西医院假肢矫形中心

2023 年 4 月

目　录

第一篇

假肢矫形器基础知识

第一章 假肢基础知识

假肢是指用于整体或部分替代缺失或缺陷肢体的体外使用装置。按结构可分为内骨骼式假肢和外骨骼式假肢；按安装时间可分为临时假肢和正式假肢；按解剖部位可分为上肢假肢和下肢假肢；按用途可分为装饰性假肢、功能性假肢、作业性假肢和运动性假肢。假肢主要通过其补缺、代偿的作用，增强患者的自信心，如已有畸形的、缺失的或功能减弱的身体部位或者器官功能，佩戴假肢可使患者最大限度地恢复功能和独立生活的能力；上肢肢体残缺者将最大限度获得手和上肢的实用功能；下肢肢体残缺者将获得足和下肢的实用功能，尤其是行走的功能。另外，根据假肢的使用阶段，其可分为临时假肢和永久假肢。临时假肢通常用在正式假肢之前，在残肢体积稳定之前使用，以促进残肢的缩小定型，允许早期假肢训练，并随着残肢进展对假肢对线进行微调。当患者不确定是否能成功使用假肢时，可作为测试假肢使用，通常在手术后使用3~6个月，直到残肢达到最大收缩。永久假肢在残肢收缩定型后使用，这时残肢体积稳定，可以适配一个永久的或正式假肢。正式假肢一般每3~5年需要更换一次。正式假肢通常会有更复杂的组件和外装饰套。

一、上肢假肢

较长的前臂残肢可保留60°~120°的旋后和旋前，前臂短残肢可保留小于60°的旋后和旋前。当选择自身力源驱动假肢时，前臂长残肢是首选，以使假肢发挥最佳功能，对于需要从事体力劳动的患者来说，可以达到理想的水平；当选择外部力源假肢时，为使其发挥最佳功能，残肢长度在健侧全长的60%~70%较佳，这个长度通常允许良好的功能和外观，同时给电子元件足够的空间。短或极短的前臂残肢使假肢的悬吊变得复杂，限制肘关节屈曲和活动范围。上肢假肢的组件包括手部装置、腕关节、接受腔、肘关节铰链和控制系统等。

（一）手部装置

大多数接受上臂截肢并进行假肢装配的患者需要为他们的假肢配备手部装置。手部装置用于腕部及腕部以上截肢患者的所有上肢假肢。

1）被动的手部装置：没有功能机制，不能抓握，仅用于弥补外观，可通过适配器连接不同的运动装置、手动工具或厨房用具。

2）自身力源手部装置：用橡皮筋或拉紧弹簧保持自主关闭状态，为了控制抓握力的大小，患者必须产生持续的打开力。

3）外部力源（电动）手部装置：由开关或肌电信号控制，并由外部电池提供能量。电动手部装置外形可为手状、非手状或钩形工具手。

4）机电控制手部装置：肌电控制手部装置在残肢肌肉上放置表面肌电电极，控制方式一般有阈值或比例控制，阈值控制可以控制手指张合，比例控制即利用肌肉收缩产生的信号控制手部装置动作的速度快慢和指端捏力大小。此外，也有由患者的残端碰压安装在假肢接受腔上的微动开关控制的机电控制手部装置。

（二）腕关节

假肢腕关节将手部装置连接到假肢上，并提供旋前和旋后功能，以使手部装置固定在适当的位置。假肢腕关节可分为摩擦控制式或锁定式两种类型。摩擦控制式的腕关节允许手部装置的旋前和旋后，其原理是通过压缩橡胶垫圈或施加在手部装置螺柱上的力所产生的摩擦将手部装置保持在选定的位置。锁定式腕关节可以手动旋转，然后将手部装置锁在固定位置。

（三）接受腔

接受腔必须提供一个舒适且稳定的与残肢完全接触的界面，以避免无意的运动和不舒服的集中压力。接受腔将有效的能量从残肢传递到假肢装置，提供安全的悬吊和较好的外观。为实现上述目标，大多数接受腔都是双层的，内套提供与残肢的全接触配合，外套匹配对侧上肢的轮廓和长度。特殊的接受腔设计包括：

1）分离式接受腔：接受腔完全接触或部分包裹残肢，通过铰链将残肢连接到一个单独的前臂壳体上，腕关节和手部装置都附着在前臂壳体上。

2）明斯特（Muenster）式接受腔：对于短前臂残肢患者来说，分离式接受腔的替代方案是自悬吊的 Muenster 式接受腔。其特点是接受腔和前臂处于初始屈曲的位置，接受腔包裹住肱骨鹰嘴和肱骨髁，由较好的残肢包裹、屈曲角度的预设和较高的接受腔边缘裁剪轮廓线提供假肢悬吊。

（四）肘关节铰链

肘关节铰链连接接受腔和上臂套，对假肢的悬吊和稳定性很重要。

1）可屈曲肘关节铰链：主要用于悬吊前臂接受腔，前臂可主动旋前和旋后，用于有足够的自主旋前和旋后功能的患者，以使他们能够发挥这些功能。常用于腕关节离断和前臂长残肢的患者。

2）刚性肘关节铰链：单轴，用于前臂短残肢的患者。当肘关节能正常屈曲，但没有主动旋前和旋后，需要更多的稳定性。通过齿轮或连杆式结构，刚性肘关节铰链允许残肢通过增加的关节活动度来驱动前臂假肢。

3）锁定式肘关节铰链：仅在肘关节屈肌明显无力时使用。

（五）上臂围箍和三头肌垫

除了 Muenster 式接受腔外，使用上臂围箍或具有适当肘关节铰链的三头肌垫来连接接受腔和索控带，也可以帮助提供接受腔悬吊和稳定性。

（六）前臂背带悬吊系统

前臂背带的功能是将假肢悬吊在肩部，将假肢接受腔牢牢地固定在残肢上，利用身体的运动作为力源或力的来源，并通过控制索系统来控制手部装置。前臂背带悬吊系统有三种类型，即"8"字形（O 形环）背带和"9"字形背带、肩部鞍式胸带。

（七）控制索系统

控制索系统用于向假肢传递力源，控制索为一根可弯曲的绞合不锈钢绳索，该绳索可在柔性壳套管内滑动。控制索近端连接在背带上，远端连接在肘部或手部装置上。控制索系统有两种类型：

1）单控制索系统（Bowden 索系统），为前臂单相控制索系统，由一根绳索单一地传输自身力源控制手部装置。

2）二重控制索系统（分离索或导通索系统），通常用于上臂假肢控制索系统，以及前臂极短残肢使用的具有锁定铰链的分离式假肢。

（八）肘关节锁

当截肢发生在肘关节或肘关节以上部位时，肘关节的功能可以通过使用肘关节组件来实现，假肢肘关节可以屈曲并锁定在不同的屈曲角度。肘关节锁分为以下两种类型：

1）外置肘关节锁：适用于残肢末端至肱骨髁距离小于 7cm，或肱骨髁至前臂残肢距离小于 4cm 的患者。临床常用于肘关节离断、上臂长残肢、前臂极短残肢等没有空间放内置锁的情况。

2）内置肘关节锁：适用于残肢末端至肱骨髁距离大于 7cm 的患者，如上臂中短残肢和肩部截肢的患者。

二、下肢假肢

（一）赛姆截肢假肢

在赛姆（Syme's）截肢时，保留足跟部的软组织，使残端可以承重。患者可以很容易利用残肢末端进行站立和行走，而无需佩戴假肢进行居家短途行走。赛姆截肢可配置固定式假脚（solid ankle-cushion heel foot，SACH）、定踝弹性内骨架型假脚（solid ankle flexible endoskeleton，SAFE）和储能（动态响应）假脚。

（二）小腿截肢/膝下截肢假肢

小腿截肢假肢的组件包括髌韧带承重接受腔、悬吊系统、假脚。

1. 髌韧带承重接受腔

一般小腿截肢假肢使用的标准接受腔是全接触式髌韧带承重接受腔。髌韧带承重接受腔是一种定制的热塑板材或树脂真空成型制作的接受腔，接受腔通过在受压区域的凸起来分散重量；它在压力敏感区域提供孔隙进行减压，特征是在接受腔前侧髌韧带的位置有一横向凹陷。接受腔的边缘在前侧延伸至髌骨中部水平，内侧和外侧延伸至股骨髁，并向后延伸至平齐髌韧带的水平，使压力均匀分布在耐压区域，但大部分压力位于髌韧带和胫骨嵴内侧面，在骨突处进行免压，如胫骨嵴、胫骨远端、腓骨头。接受腔对线时需要有轻度的屈曲角度（约 $5°$），以增强髌骨韧带的承重，防止膝反屈，抵抗残肢沿接受腔向下滑动的倾向，并将股四头肌置于一个更高效和机械优势的位置，便于其收缩。接受腔初始对线位置的屈曲角度最大可以到 $25°$，以适应膝关节屈曲挛缩。接受腔的对线还包括轻微的侧向倾斜，以减少腓骨头的压力。接受腔内配有软内衬套以保护脆弱或麻木的皮肤、减少剪切力，为脆弱的残肢提供舒适的感受，或适应肢体生长变化。接受腔内衬套可以由聚乙烯泡沫塑料、硅酮/聚氨酯凝胶制成。使用不带悬吊锁的定制凝胶套对残肢由于剪切力而产生的问题特别有帮助，这些问题可能发生在自体断层皮片修复皮肤的植皮部位或残肢的骨突部位。

2. 悬吊系统

1）髁上悬吊：由一个环形包绕大腿的袖带或吊带组成，直接与股骨外上髁相契合，既可与叉形吊带和悬吊腰带合用，也可单独使用。

2）边缘悬吊：带内外侧壁的髌韧带承重接受腔延伸至股骨髁上进行悬吊，用可压缩的楔形泡沫组合物并入软内衬来替代可移除的内侧缘或楔形体。

3）橡胶或氯丁橡胶套：由合成橡胶、橡胶、乳胶或其他弹性材料制成，单独用于悬吊系统或整合用于其他的悬吊装置；与近端假肢紧密贴合，延伸至大腿上数厘米，超过假肢袜套。导致残肢出汗增加是其主要的限制因素。

4）销锁悬吊：此设计包括带有远端连接销的硅胶或其他凝胶的嵌件或内衬，连接销锁固定在塑料层接受腔底部，为悬吊要求较高的截肢者提供了极佳的悬吊系统，如运动员及残肢较短的患者，还可以为残肢上有瘢痕的患者提供极佳的皮肤保护。因凝胶内衬常需要每年更换，使用成本较高。

5）吸着式悬吊：此设计包括硅胶或其他凝胶嵌件或内衬，并使用了装在接受腔远端的单向排气阀。该阀门允许空气从接受腔内排出，但不能进入。其优点和销锁悬吊一样，不会导致可能影响正常血供和软组织体液平衡的压力分布。

6）大腿围箍：将皮革大腿束带通过金属关节和侧带连接至髌韧带承重接受腔假肢，可减少 $40\% \sim 60\%$ 的残肢远端负重，适用于膝关节不稳定或膝关节疼痛的患者。

3. 假脚

1）SACH：耐用，轻便，便宜，且容易更换，以适应不同鞋跟高度的鞋，假脚中的可压缩后跟和木制龙骨模拟正常步行中踝关节的运动（脚跟着地时跖屈），但没有实际的足踝运动。SACH 适应部分不平地形，但最适合平坦、水平表面的行走。

2）单轴假脚：允许假脚踝关节在一个平面上运动，运动沿着脚的跖屈/背伸轴进行。单轴假脚比 SACH 更重，内部组件需要定期调整或更换。

3）多轴假脚：适用于参加各种各样活动或需要在不平坦路面行走的患者，在脚踝背伸、跖屈、内翻、外翻和旋转的正常解剖平面可进行一定程度的运动控制。

4）柔性龙骨假脚：模仿多轴运动，维护比机械多轴假脚少。

5）储能（动态响应）假脚：下肢组件设计的最大进展是在动态响应碳纤维和玻璃纤维假脚方面的持续发展。当假脚后跟着地时，由于身体的重量压缩或弯曲了假脚内的弹性材料，能量被储存在假脚中，并在假脚蹬离时被释放。这类假脚的弹性使他们特别适合喜欢跑步和跳跃等运动的截肢者。

4．假脚踝关节

假脚上可以添加多轴踝关节、减震器和扭矩吸收器，使用假脚踝关节需要增加维护频率，假肢的重量也相应增加。

（三）膝关节离断假肢

膝关节离断假肢接受腔是经改良后的接受腔，利用残肢末端和坐骨承重，内置软的内衬套，通过股骨髁进行悬吊。

（四）大腿截肢/膝上截肢假肢

大腿截肢/膝上截肢假肢的组件包括接受腔、悬吊系统、膝关节、小腿组件及假脚。

1．接受腔

最初为大腿截肢者设计的接受腔是全接触四边形接受腔。这种设计取代了插入式接受腔并逐渐成为大腿截肢假肢接受腔的标准。直到20世纪70年代中期，四边形接受腔一直是唯一的大腿假肢接受腔设计，其前后径窄，而内外径相对宽，接受腔后侧是水平的坐骨平台，支撑坐骨结节和臀肌；在股三角上有一个凸起，提供压力的广泛分布；内收长肌、腘绳肌、大转子、臀大肌和股直肌处有释放。对于稳定性不好的患者，特别是老年患者，可使用于髋关节和骨盆带。

2．悬吊系统

大腿假肢的悬吊系统包括吸着式接受腔、带销锁或绑带的凝胶套、完全弹性悬吊带、骨盆带和髋关节带。

3．膝关节

除了液压膝关节在支撑相控制膝关节，其他假肢膝关节在整个支撑相都是将膝关节保持在固定的屈伸位。膝关节在行走时提供稳定性，特别是在支撑相早期，因此应防止膝关节屈曲。在大多数情况下，患者在摆动相屈曲膝关节，并在坐下时弯曲膝关节。目前临床使用的假肢膝关节有以下几类：

1）手动锁定膝关节：提供最大的稳定性，适用于虚弱或老年截肢者，步态效率最差，增加能量消耗。

2）传统的单轴膝关节：轻便，耐用，价格便宜；依靠对线提供稳定性，在同一速度下（固定步频）效果最好。患者必须通过激活髋关节伸肌保持膝关节完全伸展，以防止膝关节屈曲。如果短残肢患者不能充分地收缩髋关节伸肌，需要将膝关节设置在大转子膝踝关节线后。这种对线方式可以提供稳定性，缺点是在摆动相膝关节屈曲困难，增加能量消耗。

3）站立位控制膝关节：由体重激活，利用膝关节内的摩擦机制可以提供一个 20°以内的支撑相稳定，适用于髋关节伸肌无力的患者或老年患者。站立位控制膝关节不是自动的，患者必须能够启动和维持膝关节的控制。

4）四杆多轴膝关节：适用于长残肢患者，以及由于残肢短、平衡不良或髋关节伸肌无力而导致稳定性差的患者，可以增加液压（流体）控制膝关节，有些多轴膝关节可以手动锁定。

5）液压（流体）控制和气压控制膝关节：允许可变的步行节奏和在步态支撑相屈曲，气压控制膝关节是充气的，重量更轻，但只提供摆动相控制；液压（流体）控制膝关节适用于活动能力高，需要不同步行节奏的患者；液压膝关节可以提供摆动相或摆动和支撑相控制。

6）微处理器控制液压膝关节：功能类似液压（流体）控制和站立位控制膝关节，其特点是可根据个人身体功能状况设置电脑程序。膝关节微处理器以 50 次/秒的频率校准膝关节的稳定性，以适应不同条件变化，防止摔倒。微处理器控制膝关节可根据步态周期变化调整状态，节省能量消耗。缺点是非常昂贵，沉重，维护成本较高，日常充电不便及可靠性未经证实。

4．小腿组件及假脚

大腿截肢/膝上截肢假肢的小腿组件通常包括连接件、管接头、连接管、假肢踝关节、假脚掌。连接件即用于假肢部件间连接、固定的部件，有些具有调整功能。通常情况下，大腿假肢接受腔连接下方部件的连接件根据不同需求有方锥四爪、接受腔夹盘、木连接座、硅胶锁具连接组件等，可根据需求进行选择。管接头是用于连接接受腔同连接管的部件，具有小幅调节接受腔内收、外展及屈曲角度的功能。连接管是连接大腿假肢上下部件的中间连接件，通过切割其长短可以调节假肢高度。假脚包括假脚板与踝关节，可以进行假脚板内外翻、跖屈、背伸调节。好的假肢踝关节可以模拟正常人行走时踝关节的运动状况，通常分为静态踝关节、动态踝关节、智能踝关节。假脚板是代替正常脚掌功能及外观的重要部件，具有支撑身体重量和行走的功能。

（五）髋关节离断/半骨盆切除假肢

截肢者的股骨残余长度小于 5cm，通常可参照髋关节离断安装假肢。假肢接受腔包住截肢侧的骨盆，并延伸至未截肢侧骨盆，接受腔在未截肢侧骨盆部位开口。接受腔前壁为柔性，开口在前壁，方便假肢穿戴。残肢用坐骨结节承重。这个平面的截肢首选内骨骼式假肢组件，以减轻重量。假肢髋关节和支撑相控制膝关节一样有助伸装置。内骨骼式假肢组件一般由铝、钛或碳石墨复合材料制成。单轴假脚或 SACH 是常规的选择。新型轻质踝关节组合可能是更好的选择。

半骨盆切除假肢接受腔与髋关节离断假肢接受腔相似，但接受腔内部结构不同。在半骨盆切除残肢，大部分重量由截肢侧的软组织承担，部分重量由对侧骶部的坐骨结节承担。

三、截肢术后康复及并发症

（一）截肢术后的评估和管理

1）询问病史：包括截肢的原因和日期、修复的日期、先前的活动状态、自我护理状态、心肺功能状态、神经系统状态、周围血管状态、糖尿病控制情况、既往手术史，是否有残肢疼痛、幻肢感觉和幻肢疼痛。

2）体格检查：应包括视力和精神状况，周围血管状况，手术切口和引流情况，皮肤损伤，残肢皮肤活动性、水肿和凹陷、硬化、压痛、皮肤冗余，移植物和移植物供体部位，被动关节活动度，关节稳定性，感觉和四肢力量的评估。

3）残肢形态评估：理想的残肢形态为圆柱形。

4）伤口情况评估：评估和改善营养，纠正贫血，控制血糖，合理使用抗生素，促进伤口愈合；开放的切口或伤口应在促进残肢定型辅具或假肢下覆关节垫；慢性引流窦可能是由浅表脓肿、骨刺或局限性骨髓炎引起的，应探测开口的深度，并应进行 X 线摄影、磁共振或骨扫描检查以确定骨受累情况。

5）术后安装假肢前的康复目标：疼痛控制，残肢塑形，维持和改善截肢近端关节的活动度，提高独立活动和日常生活能力，强化肌肉力量。

（二）截肢术后残肢管理

1）残肢水肿：术后采用石膏绷带或玻璃纤维硬性敷料防止水肿。硬性敷料通过内衬袜子和髁上围箍悬吊起来，增加或去除袜子可以调节压缩量，提供良好的水肿控制，且可每日检查。当不需要使用硬性辅料时，可使用弹性绷带"8"字形缠裹。但弹性绷带应用不当可引起残肢远端水肿的径向收缩。双层长度 4 英寸①的弹性绷带用于小腿残肢，双层长度 6 英寸的弹性绷带用于大腿残肢。弹性收缩袜使用方便，可提供均匀的压缩，但通常在术后或缝合线拆除后使用。患者应该除洗澡外的全部时间佩戴收缩塑形辅具。

2）屈曲挛缩：患者不能睡过于柔软的床垫，平躺时可在背部或大腿下使用枕头，或抬高床尾；大腿截肢者不要将残肢倚在拐杖上站立；截肢者应每天俯卧 3 次，每次 15 分钟，以防止髋关节屈曲挛缩；不能俯卧的截肢者应仰卧，主动伸展残肢，屈曲对侧腿。小腿截肢者不能将残肢悬吊在床边，在膝关节下放置枕头，或屈曲膝关节仰卧。拆线后，残肢每天用肥皂和温水清洗。在使用任何收缩塑形辅具之前，应确认残肢完全干爽。

3）皮肤问题：患者的残肢可出现很多皮肤问题，包括毛囊炎、过敏性皮炎、多汗和真菌感染。残肢皮肤病损可迅速扩大，需进行早期干预，尤其是糖尿病患者，应每日仔细检查残肢皮肤，并清洁残肢皮肤和接受腔。毛囊炎是截肢者残肢常见的皮肤问题，

---

① 1 英寸＝2.54 厘米。

是由卫生不良、多汗、接受腔适配不良或者活塞运动引起的毛囊感染。因此，使用杀菌清洁剂清洁残肢，并保持干燥，以及必要时考虑口服抗生素非常重要。疖和脓肿可通过限制假肢使用、切开引流并口服抗生素进行治疗。表皮样囊肿发生于皮脂腺被角蛋白堵塞时，通常在假肢穿戴数月或数年后会出现。其直径可达5cm，如出现破裂流脓可能需要切开引流。体癣和股癣主要由出汗引起，通过培养或显微镜下观察可以确诊，可通过外用或口服抗真菌药物，以及良好的残肢和接受腔卫生管理进行治疗。残肢多汗症（过度出汗）是截肢后常见问题。出汗增多可导致残肢皮肤潮湿，使皮肤容易受到细菌和真菌感染，以及外力损伤。多汗症可应用止汗剂控制，但应避免使用收敛剂和酒精，以防皮肤过度干燥。过敏性皮炎可能是由清洗残肢袜套的洗涤剂、护肤乳和局部用药，或假肢制造过程中使用的化学剂引起的，可通过停止接触致敏剂来解决。湿疹可急性发作，且伴有小水疱，而后出现表皮剥落和红斑，通过局部应用皮质类固醇及找到并清除致敏剂的方式进行治疗。

4）窒息综合征（choke syndrome）：是由于假肢接受腔近端过紧，残肢和接受腔之间缺少全面接触而引起的静脉回流障碍，可引起残肢末端皮肤疣状增生，常发生于小腿残肢远端。假肢佩戴初期，患者会出现一界限清晰的硬结节区；若是急性水肿，皮肤可出现流脓或起疱。该区域触诊时有触痛，易发生蜂窝织炎；慢性期由于含铁血黄素的沉积，皮肤会变厚，且有色素沉着。窒息综合征的治疗主要是减少残肢袜数量和修改内衬垫末端，以缓解残肢近端过紧，恢复接受腔与残肢的完全接触，或更换一个全接触式接受腔。

5）骨骼问题：如果在创伤时或手术过程中骨膜被剥离，可产生骨刺，骨刺可对皮肤造成局部压力，并引起疼痛。骨痛也可由残肢的腓骨比胫骨长而引起。如果在大腿截肢术中没有做适当的肌肉固定术，股骨末端可穿过肌肉层到达皮下组织。若调整假肢，如更换软式接受腔，还是不能适合股骨的突出，可考虑手术干预。骨过度生长和异位骨化常见于儿童获得性截肢和年轻成人外伤性截肢。

6）疼痛问题：截肢患者的疼痛可分为残肢、切口痛、幻肢感和幻肢痛。残肢切口痛可随着伤口愈合而减轻，但作用于粘连性瘢痕或骨刺上的剪切力也可引起疼痛。局部疼痛可由神经瘤（手术中神经末梢暴露在外）受压迫所致，如保守治疗无效，需考虑二次手术。所有获得性截肢患者都会存在某种形式的幻肢感，这是截肢后的正常现象。幻肢感是对被切除部位的一种无痛觉察。幻肢感通常会随着时间的推移而减弱，但会持续存在，这种情况无需治疗。幻肢痛是指患者感觉被切除部位疼痛或有受到有害刺激的意识，可伴有幻肢感。这种疼痛位于幻肢而非残肢，可扩散至整个肢体，也可局限于单一的神经分布区域。幻肢痛似乎与神经元传入神经阻滞过度兴奋有关。幻肢痛的药物治疗可选用抗惊厥药、γ－氨基丁酸（GABA）抑制剂、三环类抗抑郁药、降钙素等；康复方法如针灸、经皮神经电刺激（TENS）、振动、超声波等通常能提供暂时的缓解。

7）骨性过度生长：儿童获得性截肢比成人更常见，截肢长骨（残肢）远端的骨质生长速度通常比附在其表面的皮肤和软组织快。残肢尖锐的骨头末端可形成囊肿，有时骨头可能会穿破皮肤。骨性过度生长常见部位依次为肱骨、腓骨、胫骨和股骨。

第二章 矫形器基础知识

一、矫形器概述

矫形器是指用于改变神经、肌肉、骨骼和关节等系统的功能特性或结构特性的体外装置。

（一）矫形器分类与命名

按照国际标准，矫形器分为上肢矫形器、下肢矫形器和脊柱矫形器三大类。根据应用的部位不同，又可细分为许多类型，并依据矫形器所应用部位的关节名称进行命名。矫形器按其应用部位的关节名称命名见表1-2-1。

表1-2-1 矫形器按其应用部位的关节名称命名

分类	中文名称	矫形器应用部位	英文缩写
下肢矫形器	足矫形器	踝关节以下的足部	FO
	踝足矫形器	膝关节以下，包含足部	AFO
	膝踝足矫形器	髋关节以下，包含足部	KAFO
	髋膝踝足矫形器	上部超过髋关节，下端至足底	HKAFO
	膝矫形器	髋关节下，踝关节上，跨过膝关节	KO
	髋矫形器	膝关节以上，跨过髋关节	HO
	髋膝矫形器	踝关节以上，跨过髋关节和膝关节	HKO
上肢矫形器	手矫形器	腕关节以远的手部	HO
	腕手矫形器	肘关节以下，包含手部	HO
	肘腕手矫形器	肩关节以下，包含手部	WHO
	肩肘腕手矫形器	上部超过肩关节，远端包含手部	EWHO
	肩肘矫形器	在腕关节以上，超过肩关节	SEWHO
	肘矫形器	肩关节下，腕关节上，跨过肘关节	SEO
	肩矫形器	肘关节以上，跨过肩关节	EO

分类	中文名称	矫形器应用部位	英文缩写
脊柱矫形器	骶髂矫形器	骨盆部分	SIO
	腰骶矫形器	包含腰椎和骨盆部分	LSO
	胸腰骶矫形器	包含胸椎、腰椎和骶骨	TLSO
	颈胸腰骶矫形器	包含颈椎、胸椎、腰椎和骶骨	CTLSO
	颈胸矫形器	包含颈椎和胸椎	CTO
	颈矫形器	颈椎段	CO

（二）矫形器的作用与材料

1. 矫形器的作用

矫形器（或支具）是一种体外装置，可提供一种或多种不同功能，包括：减轻疼痛，增加舒适度；预防或矫正畸形；提供支撑，增加稳定性；改善功能、辅助运动；控制肌肉痉挛；限制关节活动度；避免病损关节负重；促进本体感觉和姿势调整。矫形器设计应简单、舒适，并尽可能美观，设计应充分考虑作用力和反作用力的生物力学特点及三点力学原理。

2. 矫形器的材料

为矫形器选择合适的制作材料时，应仔细考虑其强度、耐用性、柔韧性和重量。常见的矫形器制作材料有金属、皮革、橡胶和塑料，具体介绍如下。

1）钢：成本低，储量丰富，抗疲劳，强度和硬度高；然而重量大，容易被腐蚀。

2）铝合金：耐腐蚀，强度高，重量小；但重复动态载荷条件下的抗疲劳性低于钢。

3）钛合金：强度高，密度仅为钢的 60%，比铝或钢更耐腐蚀；但可用性有限，成本高。

4）皮革：最常用于矫形器带、骨盆带。

5）橡胶：具有弹性和减震性能，用于各种辅助设备的衬垫，液压结构的密封，腰围和肢体矫形器的衬垫。

6）高温热塑材料：加热时变软，冷却时变硬，具有可塑性，通过加热成型和重塑。

7）低温热塑材料：可在略高于人体的温度下模塑，可直接在患者身体上成型。主要用于上肢矫形器，不适用于有高强度运动需求的下肢矫形器。

8）热固性塑料：具有记忆性，在加热和加压时可形成固定形状。但与热塑材料相比，更容易引起身体刺激和过敏反应，常用的如聚酯树脂、环氧树脂、聚氨酯泡沫。

9）碳纤维：重量小、强度高，但价格昂贵，难以成型或修改。

二、下肢矫形器

（一）踝足矫形器

踝足矫形器（ankle-foot-orthosis，AFO）通常用于踝关节和距下关节无力，可由塑料、金属、碳或混合材料制成。

1）塑料材质 AFO：可预制或量身定制，包裹小腿后部，并在踝关节后方继续向下延伸，沿着足底表面向前延伸，以辅助背屈和限制跖屈，在小腿近端前方用绑带固定 AFO。剪切线和足底板的设计决定了矫形器的结构支撑和刚度。

2）铰接式 AFO：除了防止内外侧不稳外，多数金属踝关节铰链通过制动（销）或辅助（弹簧）装置来控制或协助背伸和跖屈。适用于踝关节背伸、跖屈、足内外翻无力，预防和矫正畸形，减少步行耗能，适用于如痉挛性双瘫、下运动神经元衰弱和痉挛性偏瘫患者。

（二）膝踝足矫形器

膝踝足矫形器（knee-ankle-foot orthosis，KAFO）为 AFO 向近端的延伸，用以控制膝关节的运动和对线，由 AFO、两侧支条、膝关节和两条大腿环带组成。双侧 KAFOs 用于辅助成人截瘫患者的站立和行走，为 L_1 及以下水平神经完全性损伤的患者提供更具功能性和更舒适的步态。

1）自由活动膝关节：通常有一个防止膝过伸的装置。用于膝外翻，但站立位和行走时有足够力量控制膝关节的患者。

2）偏置膝关节：将铰链置于膝关节中心后方，患者的体重线落在偏置关节的前方，从而在支撑相初期稳定膝关节，而在摆动相可以自由屈曲，且无需操作关节锁即可直接坐下。

3）交锁膝关节：锁定状态下允许 0°～25°的活动范围，用于促进步态正常化；解除锁定，膝关节可自由活动，允许坐下。

4）棘爪锁膝关节：通常用于膝关节屈曲挛缩的牵伸，允许屈膝 90°到完全伸膝范围内调节，可每调节 7°～10°锁一次。

5）可调锁膝关节（dial 锁）：具有锯齿状可调膝关节，几乎允许任何角度的屈膝并锁定，适用于随着治疗膝关节屈曲挛缩逐渐减轻的患者。

6）扳机锁膝关节：防止屈膝，需患者主动或被动地完全伸膝锁定关节。不适用于膝关节挛缩患者。

7）落环锁膝关节：伸膝直时环会垂落，锁定关节。可在重力作用或患者操作下，落下锁环锁定膝关节。

8）提环锁膝关节：膝完全伸直时，提环锁接合；后部有一个半圆形杆（提环），向上拉动提环（手动）或往后倒坐在椅子上时解锁关节。

（三）髋膝踝足矫形器

将髋关节和骨盆带连接到 KAFO 的外侧支条上，即成为髋膝踝足矫形器（hip-knee-ankle-foot orthosis，HKAFO），适用于髋关节屈曲/伸展不稳、髋关节内收/外展无力、髋关节内旋/外旋不稳、下肢完全瘫痪等。交互步态矫形器（RGO）是 HKAFO 的一种特殊设计，适用于保留有髋关节主动屈曲功能的上截瘫患者。RGO 由双侧 HKAFO、定制骨盆带、尼龙搭扣带的胸部延伸部分组成。当开始迈步时，RGO 帮助一侧屈髋，缆绳耦合会诱使另一侧伸髋，从而产生一种交互式步行模式；佩戴者可通过主动屈髋、收缩下腹部肌肉和（或）伸展躯干来实现向前迈步。RGO 联合拐杖、助行器可帮助截瘫患者完成四点步态行走。

（四）膝矫形器

膝矫形器（knee orthosis，KO）在矢状面限制膝过伸，在水平面提供内外侧和轴向旋转控制，在冠状面模拟膝关节解剖功能，用于防止膝过伸并提供内外侧稳定性。在运动和其他体育活动中，膝矫形器可为不稳定的膝关节提供功能性支撑，也可用于膝关节受伤或手术后的康复。膝矫形器有多种设计，大多数都由两侧支条、自由或可调节膝关节，以及大腿和小腿组件组成。其中，软性膝矫形器由弹性材料或橡胶制成，包括铰链式金属膝关节、髌骨垫、可调节束带及屈膝时释放髌骨压力的前方开口，可为骨关节炎、轻微膝扭伤和轻度膝关节水肿的患者增加舒适感。另外，膝关节固定矫形器适用于股四头肌或髌腱断裂、内侧副韧带断裂、髌骨骨折或脱位的急性或术前处理。

（五）下肢压力再分配矫形器

下肢压力再分配矫形器包括以下几种常见类型。

1）髌腱承重矫形器：利用髌腱、小腿肌肉或胫骨嵴负重，并通过金属支条将负荷传递到鞋，可减少高达 50％的经胫骨及踝足部传递的重力。

2）坐骨承重矫形器：利用四边形或坐骨环减轻股骨或膝关节负荷。

3）带足蹬矫形器：利用连接到足蹬的支条将足部悬掉，另一侧需要增高鞋，以使两侧腿长一致。

4）骨折矫形器：稳定骨折部位，允许负重和关节活动，以减轻疼痛和水肿，促进骨痂的形成。

三、上肢矫形器

（一）短对掌矫形器

短对掌矫形器主要用于固定拇指和第一掌指关节，以促进组织愈合和（或）提供保护，或将无力的拇指与其他手指进行对指定位，促进三指抓握。其包括环绕手背面和掌面的条形部分，以及拇指外展条和"C"形条，用以稳定拇指。

（二）长对掌矫形器（带腕关节控制组件）

长对掌矫形器（带腕关节控制组件）与短对掌矫形器相似，但跨越腕关节，可稳定第一掌指关节，保持腕关节于伸展位，预防桡尺偏畸形。

（三）带蚓状肌条对掌矫形器

带蚓状肌条对掌矫形器用于防止掌指关节过伸，但允许全范围屈曲活动，预防爪形手畸形。

（四）带手指助伸装置的对掌矫形器

带手指助伸装置的对掌矫形器与短对掌矫形器相似，但增加了近端指间关节和远端指间关节助伸装置，适用于指间关节屈曲挛缩、纽扣指畸形等。

（五）餐具固定器/助握套/ADL 矫形器

餐具固定器/助握套/ADL 矫形器包括一个附有袋状结构手掌套，餐具可插入其袋状结构内。

（六）手指稳定器/手指静态矫形器

手指稳定器/手指静态矫形器用于限制近端和远端指间关节的运动，保持完全伸展，以牵伸侧副韧带，防止指间关节屈曲挛缩，用于促进损伤愈合（如指骨骨折、近端或远端指间关节脱位）和持续牵伸手指（如烧伤和关节肌肉挛缩）。

（七）手指矫形器

常用的手指矫形器有天鹅颈指矫形器和纽扣指矫形器。"天鹅颈"指矫形器通过三点力学系统，防止近端指间关节过伸，同时允许指间关节全范围屈曲活动。"纽扣"指矫形器通过三点力学系统，固定近端指间关节于伸展位，防止屈曲活动。

（八）拇指矫形器

拇指矫形器固定第一腕掌关节和掌指关节于中立位，保护拇指免受无意活动的影响。

（九）虎口固定器

虎口固定器由一硬性"C"形夹板组成，置于拇指和食指之间的虎口位置，增加或保持鱼际间隙，防止虎口挛缩，应用于烧伤、瘢痕修复术后。

（十）腕－手－指矫形器

腕－手－指矫形器用于固定手腕、手指和拇指，通常应用于掌侧（也可应用于背侧或整个手部）从指尖延伸至前臂远端 2/3 处，腕保持中立位至轻微伸展位，掌指关节屈曲 70°～90°，指间关节完全伸展，拇指腕掌关节外展，拇指掌指关节/指间关节完全伸展。掌指关节和指间关节侧副韧带保持牵伸，可最大限度地减少关节囊挛缩，提供功能性拇指对掌和三指抓握能力。

（十一）腕关节矫形器

腕关节矫形器可促进腕关节轻微伸展或防止腕关节屈曲，防止腕关节屈曲挛缩。

（十二）肩肘腕手矫形器

肩肘腕手矫形器包括前臂槽和衬板，可支撑前臂和手臂抵抗重力，使肩部和肘部肌肉无力的患者能够水平移动手臂，屈曲肘部，将手伸移至嘴边。

（十三）降张矫形器

降张矫形器的设计基于手部的矫形器或前臂的腕－手－指矫形器，要求全天穿戴（通常每穿戴 2 小时，取下休息 2 小时，再继续戴上）。降张矫形器通过反射抑制体位和向掌面（手掌）施加固定压力，降低屈肌张力，防止皮肤破损或指甲嵌入手掌；并通过低负荷、长时间的拉伸，增加关节被动活动范围。临床上适用于上运动神经元损伤（如脑卒中、头部损伤、多发性硬化症、脑瘫）导致的痉挛。

四、脊柱矫形器

（一）颈胸矫形器

1. 软式颈托

由聚乙烯泡沫或海绵橡胶制成，对颈椎的运动无明显控制作用；其通过感觉反馈，起到了一种动觉提醒作用，从而达到限制颈部活动的目的；有保暖作用，有助于减少肌肉痉挛和促进损伤软组织的愈合；适用于颈部软组织损伤急性期，建议佩戴 10 天，减少肌肉萎缩。

2. 硬式颈托

与软式颈托相比，硬式颈托可提供更多的颈椎屈曲、伸展、旋转和侧屈活动限制。

1）Thomas 颈托：由硬性塑料制成，上、下面均附有衬垫，环绕颈部，用尼龙搭扣固定，适用于颈部软组织损伤。

2）费城颈托：由 Plastazote 泡沫板制成，前、后有 Kydex© 硬性塑料加固，由尼龙搭扣固定，包裹下颌和枕骨，并延伸到近端胸部，全接触式提供轻微的颈椎运动控制，适用于颈部软组织损伤和稳定性骨、韧带损伤。

3）Yale 颈胸矫形器：类似于加长的费城颈托，由硬性塑料支条加固，向下延伸至胸部前侧和后侧，于腋窝下方通过绑带固定，枕骨部件可延至比费城颈托更高的位置。

4）胸－枕－下颌固定矫形器：胸部组件通过支条从前到后连接到枕骨板，具有可拆卸的下颌组件，如 SOMI 矫形器，便于患者仰卧位时进食、洗脸或刮胡子，适用于颈椎关节融合术后、稳定性颈椎骨折等。

5）支条式颈胸矫形器：通过 2～4 根支条将下颌和枕骨组件连接到胸骨和胸椎组件，可对颈椎提供良好的屈伸控制，但侧屈和旋转控制不佳。通过调节前或后支条长度，可使颈椎屈曲或伸展。适用于颈椎稳定性骨折和关节炎。

6）Halo－Vest 矫形器：由一硬质 Halo 环组成，Halo 环通过 4 枚颅钉固定于颅骨，通过四根支条与胸部前侧和后侧组件连接。在所有颈胸矫形器中，Halo－Vest 矫形器在各个面上的制动效果最佳，适用于不稳定性颈椎骨折（尤其是高位颈椎骨折）；在有手术禁忌或患者拒绝手术的情况下，可作为一种非手术治疗方式。若患者长期卧床，则有压疮风险（常见于肩胛骨和胸骨区域）。

7）热塑性 Minerva 颈胸矫形器：包裹住整个颅骨后部，包括环绕前额的一条带子和向下延伸至肋下缘的组件，前额带能很好地控制所有颈部运动。较 Halo－Vest 矫形器重量轻，无颅钉固定，但制动性较弱。适用于不稳定性颈椎骨折（需最大限度制动时，通常首选 Halo－Vest 矫形器）。

（二）胸腰骶矫形器

胸腰骶矫形器（thoracic－lumbar－sacral orthosis，TLSO）用于支撑和稳定躯干和防止中度脊柱侧凸进展，也可用于胸椎后凸畸形（驼背）。除了控制脊柱屈曲，胸腰骶矫形器还可增加腹内压力，引起耗氧和耗能增加。在行走过程中，除了步行耗能增加之外，矫形器上、下端未受控制的躯体部位的活动可能也会增加，且伴随有骨盆与肩部之间的轴向旋转。

1）Taylor 矫形器：屈伸控制型胸腰骶矫形器，由后侧两根椎旁支条和骨盆带构成，肩胛间带可稳定棘旁支条，并与腋带相连。

2）Knight－Taylor 矫形器：在 Taylor 矫形器的基础上，在侧方和胸部添加组件，限制脊柱侧屈，适用于稳定性胸/腰椎骨折术后或非手术治疗。

3）Jewett 矫形器：由一胸骨垫、耻骨上垫、前外侧垫、向侧方倾斜的支条及腰背垫组成，耻骨上带可由回旋带代替，对髂嵴施加作用力，适用于胸腰段脊柱压缩性骨折。

（三）颈胸腰骶矫形器

颈胸腰骶矫形器（cervical－thoracic－lumbar－sacral orthosis，CTLSO）是用于矫正脊柱侧凸的 Milwaukee 矫形器，其由连接到颈环的硬性塑料骨盆带组成，连接组件包括前侧的一根铝条和后侧的两根椎旁支条。颈环上附有下颌条和枕骨条，二者分别位于枕骨和下颌骨下方 20～30mm 处，通过附于支条上的压力垫对肋骨和脊柱施加横向矫正力，从而纠正脊柱侧凸。

（四）腰围/软式脊柱矫形器

腰围/软式脊柱矫形器由织物/帆布制成，附有袋结构，容纳支撑条。其有多种不同设计类型，包括腰骶矫形器、胸腰骶矫形器、胸腰矫形器、骶髂矫形器和腰部矫形器。软式腰（骶）矫形器环绕躯干和髋部，上缘位于剑突或下位肋骨、肩胛骨下角水平处，下缘位于耻骨联合和臀纹水平处，特殊设计可用于孕妇，如腹下垂和悬垂腹。适用于下腰痛、肌肉劳损，可提供腹部支撑，减少腰骶椎负荷、腰椎过度前凸和侧屈，但长期佩戴容易导致躯干肌力下降。

第三章　步态分析

一、专业术语

步态周期：一侧下肢完成一个功能序列称为步态周期，步态周期是步态重要的功能单位。

步幅：同一只足连续两次触地点之间的直线距离，以同一只足的足跟到足跟的距离为测量标准。

步长：左右两只足连续触地点之间的直线距离，测量的是一侧着地足跟到另一侧着地足跟间的距离。通常情况下，步长为38~51cm（15~20英寸）。

重心（center of gravity，COG）：通常位于骶2椎体前5cm处。一名普通成年男性迈出一步，重心的水平位移为5cm（<2英寸），垂直位移也为5cm。

支撑面：足及其所使用的辅助器具与地面接触所占的空间。如果重心落在支撑面上，就可以避免摔倒。

二、支撑相和摆动相

支撑相（stance phase）为足底与地面接触的时期，占步态周期的60%；摆动相（swing phase）为足在空中摆动以带动自身向前的时期，占步态周期的40%。

（一）支撑相：五个分期

1）首次触地期（initial contact）：足底接触地面瞬间。

2）承重反应期（loading response）：足跟开始接触地面到对侧肢体离开地面，此期间身体重心转移。在承重反应期，身体的重心最低。

3）支撑中期（midstance）：对侧肢体从地面抬起到两侧下肢踝关节在冠状面对齐的时期，身体的重心处于最高水平。

4）支撑末期（terminal stance）：从踝关节在冠状面对齐到对侧（摆动）肢体开始足跟着地的一段时期。

5）摆动前期（preswing）：对侧肢体从足跟着地到该侧肢体足部将要蹬离的时期（去除承重）。

（二）摆动相：三个分期

1）摆动初期（initial swing）：将肢体从地面抬起至膝关节屈曲的最大位置。

2）摆动中期（midswing）：膝关节从最大屈曲位伸展到胫骨垂直的位置。

3）摆动末期（terminal swing）：从胫骨垂直的位置到足跟着地。

步态周期中支撑相和摆动相示意图见图 1-3-1。

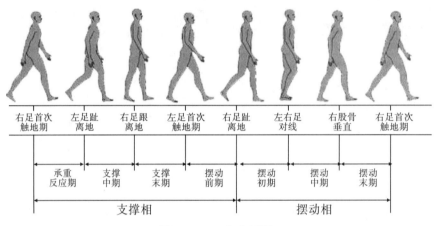

| 右足首次触地期 | 左足趾离地 | 右足跟离地 | 左足首次触地期 | 右足趾离地 | 左右足对线 | 右股骨垂直 | 右足首次触地期 |

| 承重反应期 | 支撑中期 | 支撑末期 | 摆动前期 | 摆动初期 | 摆动中期 | 摆动末期 |

支撑相 　　　　　　　　　　　摆动相

图 1-3-1　步态周期

三、步态的决定因素

1）骨盆旋转：在摆动腿的一侧，骨盆向内（向前）旋转，肢体伸长为承接体重做准备。在双支撑过程中，无论哪个方向，骨盆旋转 4°，肢体伸长以将重心的上下移动降到最低（防止重心突然上下变化过多）。

2）骨盆倾斜：摆动腿一侧（与负重腿相对）的骨盆降低 4°~5°。

3）支撑相膝关节屈曲：早期膝关节屈曲，足着地时膝关节屈曲（15°）。膝关节屈曲通过缩短髋到足踝的距离来降低身体在支撑相中期的垂直高度（可能是步态周期中的最高点）。这使得身体重心降低（通过最小化其垂直位移），减少能量消耗。它还倾向于通过延长四头肌的收缩来吸收足跟着地时的冲击力。

4）踝关节机制：足跟着地时，踝关节跖屈使骨盆下降的曲线更加平滑。在足跟、足踝和前足的三个枢轴点（摇杆）帮助肢体在首次触地期和摆动前期功能性地变长，并在支撑中期帮助肢体功能性地缩短。

5）膝关节机制：支撑中期后，膝关节随着足的跖屈和足的旋后而伸展，以恢复腿的长度，减少对侧足跟着地时骨盆的下降。

6）骨盆的侧移：向承重腿位移，身体重心必须落在支撑面上。

第四章　康复与护理

第一节　假肢穿戴前后康复与护理

一、康复评估

1）残肢外形：残肢外形以圆柱形为佳。

2）皮肤情况：是否有瘢痕或皮肤松弛、有无伤口感染、创面有无溃疡、有无窦道。

3）残肢情况：残肢关节有无畸形（小腿截肢易出现膝关节屈曲和外展畸形）、关节活动度及负重力线是否良好，若关节活动受限将直接影响假肢的代偿功能。

4）肌力情况：评估残存肌群的肌力是否良好。

5）残肢情况：评估残肢对假肢的控制能力，假肢的悬吊性能、稳定性和功能代偿情况。理想的小腿残肢长度为膝下 15cm 左右，理想的大腿残肢长度为 25cm 左右。残肢越长，承重和控制假肢的能力越强。截肢手术时应尽可能保留适宜长度的残肢。残肢应无感染、无肿胀、无畸形、无瘢痕、无疼痛。残肢肌力好，软组织条件好，表面皮肤情况良好，末端骨骼、神经处理好，承重能力好。

6）残肢血运。

7）残肢痛和幻肢痛。

二、康复训练

在不影响残肢伤口愈合的情况下，应该尽早地进行残肢和全身的康复训练。为增强和保持残肢功能，需要进行增强残肢残存肌群肌力和相关关节活动度的训练。临床康复医生可利用器械或徒手对患者进行残肢和全身的康复训练。康复训练内容主要包括：残肢关节活动度、残肢肌力和耐力的训练，健肢功能训练，躯干功能训练，身体平衡协调能力训练，临时假肢的使用及轮椅转移训练等。通过残肢和全身的康复训练，能有效改善患者身体健康状况，预防和减轻残肢挛缩畸形，增强残肢肌力，改善其关节活动范围，提高运动协调性和身体的平衡协调能力。

（一）下肢截肢者的康复训练

下肢截肢者在假肢装配前进行康复训练的目的：①增强残肢血液循环，促进残肢康复和定形；②降低残端敏感度，增强残肢力量和承重能力；③防止关节挛缩畸形，纠正已经产生的挛缩，保持和增加关节活动度；④增强肢体和躯干的肌力和协调性，为以后使用假肢做准备；⑤防止卧床造成的并发症，改善心肺功能，增强体质，促进患者早日全面康复。

小腿截肢者应以增强膝关节伸肌肌力为主；大腿截肢者既要进行增强髋关节伸肌力量的训练，又要早期做柔和的截肢侧髋关节连续被动运动训练，以预防残肢发生屈曲外展挛缩畸形。

（二）上肢截肢者的康复训练

上肢截肢者在假肢装配前进行康复训练的目的：①使残肢肌肉发达，增加肌力，以获得足够的力量来操纵、控制假肢，肌肉发达还可增加残肢在接受腔内的压力，增强假肢的稳定性；②扩大上肢关节的活动范围，以获得操纵索控式假肢所需要的牵引位移；③防止和矫正截肢后肢体不平衡和肌力分布不均所引起的不良姿态，如脊柱侧凸等；④增加肌电信号源强度，促进截肢者的残肢肌电传送；⑤对上肢截肢者而言，残肢主要有屈曲趋势，应该训练残肢伸肌的肌力，同时还要对健肢进行力量训练，对于使用和装配索控式上肢假肢的患者，要重点训练其背阔肌和胸大肌。

三、残肢护理

残肢护理的目的是促进残肢消除肿胀，早日定型，保留和增加残存关节的活动范围，强化残肢肌力。

（一）弹力绷带包扎

使用弹力绷带包扎残肢可预防血肿并减轻水肿、促进肌肉组织的愈合，并可预防残端积聚过多脂肪组织，从而控制残肢的形状和体积。弹力绷带包扎不影响肌肉收缩和关节活动，且便于观察截肢切口愈合的情况。

（二）肿胀的处理

截肢术后早期用枕头垫高残肢，但不能超过 48 小时，保持残肢在功能位或伸展位，以防止残肢肿胀或出血。肿胀的处理主要以加压包扎和穿压力套为主。肘下截肢者，使用枕头或吊带将残肢抬高。

（三）体位摆放

由于身体屈肌的力量常比伸肌强，因此要正确摆放残肢体位，防止关节挛缩。膝上截肢后髋关节易出现屈曲外展挛缩畸形。膝下截肢后膝关节易出现屈曲畸形，这些情况均不利于假肢安装。术后虽然要将残肢抬高以减轻肿胀，但一般在 24～48 小时后就可平放残肢，患者平躺时也不可垫高残肢，以防止近端关节过多屈曲。膝上截肢患者髋关节应伸直并避免外展，每天应进行多次（每次不少于 15 分钟）俯卧；膝下截肢患者膝关节应置于伸直位，避免长时间屈曲。

（四）切口护理

截肢术创伤较大，切口护理非常重要，要保护皮肤切口干燥，预防感染，按照医嘱定期护理切口，换药包扎，促进切口愈合，防止瘢痕增生。

鼓励截肢者尽早脱离患者的角色，主动参与日常生活并学习自行照顾残肢。每天晚上可用温和的肥皂水或清水加少许食用盐把残肢洗净擦干并检查残端，看不到的位置可用镜子进行检视，以尽早找出受压点并加以处理，避免水疱的形成。患者还可在残肢瘢痕上涂抹少量无酒精成分的橄榄油或羊脂膏以软化瘢痕，防止干皮形成，以减少干硬的瘢痕于训练时因受压而破裂。

（五）皮肤脱敏训练

在切口愈合后，可利用棉花、布等毛织品，每 2 小时进行一次皮肤脱敏训练。皮肤脱敏训练应配合目视的方式，康复医生鼓励截肢者自行对残端进行轻柔的摩擦，并经常拍打感觉过敏的部位 15 分钟，待不适的感觉逐步减退后，可逐渐增加摩擦的力度，使用质地更粗糙的毛织品进行皮肤脱敏训练。早期进行渐进地残肢持重训练，不但可增加残肢的耐受力，也是有效的皮肤脱敏方法。

常用方法：①按摩残肢，每日数次轻柔按摩残肢，有助于减轻残肢的敏感性，同时增加残肢的耐压性；②拍打残肢末端，可发挥脱敏和减轻幻肢痛的作用；③酒精棉球擦拭切口及周围皮肤，防止残肢皮肤溃疡和炎症等；④干毛巾擦拭切口，起到按摩和脱敏效果，注意避免使劲摩擦刺激皮肤。

第二节　矫形器穿戴前后康复与护理

一、康复评估

装配矫形器不仅需要从病史、社会及职业状况、装配矫形器的动机、经济负担等方面对患者进行评估，还需要对患者的身体功能进行评估。

（一）精神状况

充分评估患者的精神状况以确保患者使用矫形器的安全性和质量。

（二）肌力

即使患者只表现出局部肌力弱，也应对其进行完善的肌力评估。例如，当考虑为脑卒中患者的足下垂设计矫形器时，对股四头肌及髋屈肌的肌力评估就很重要。如果证实患者的股四头肌肌力明显较弱，那么使用定踝塑料矫形器会降低膝关节的稳定性。为了准确检测特定肌肉或肌群的肌力，关节近端必须固定，阻力的拉伸方向要尽可能接近肌肉或肌群的拉伸方向。如果双侧肌力均较弱，则需要检查人员用主观经验判断肌力的情况。当软组织的挛缩影响运动范围时，使用运动范围与肌力级别相结合的评价体系会更准确。

（三）肌张力

上运动神经元的病变可导致不同程度的痉挛（肌张力亢进），从而影响矫形器的适配。轻微的肌张力增高对功能的影响不显著。中等程度的肌张力增高可影响正常功能。对于轻微和中等程度的痉挛，肌肉对被动拉伸的阻力增加，此种程度的痉挛有利于患者稳定关节，但有畸形和抽搐的严重痉挛则增加了矫形器的装配困难。例如，有踝痉挛足下垂的脑卒中患者就不适宜采用柔性塑料矫形器或带弹簧关节的金属矫形器，因为柔性塑料和弹簧关节会加重人体踝关节持续的抽搐，导致关节不稳定和失衡。

（四）关节活动范围和稳定性

关节活动范围可以通过主动运动和被动运动来评估。对关节运动范围的评估有助于决定是否对关节活动范围进行限制。不稳定的关节可以通过矫形器来稳定，畸形也可以用矫形器来矫正。但是有些畸形是无法使用矫形器来矫正的，有必要通过对线来阻止畸形的进一步加重。

（五）感觉功能

全接触塑料矫形器出现之后，对皮肤和关节的感觉功能进行评估是很重要的。有下肢皮肤感觉功能丧失的患者是不适合此类矫形器的，因为皮肤破裂时感觉功能丧失的患者没有疼痛的反应。关节感觉功能丧失的患者表现出的运动不协调性（共济失调）是矫形器无法矫正的。此外，确定疼痛区域的位置有利于避免在这些部位施加矫正力。

（六）肢体体积变化与末端血液循环

肌力弱或瘫痪患者经常受累于肢体水肿，这是由于缺乏促使静脉回流的肌肉收缩及心功能衰竭造成的。采取穿戴弹性压力袜或控制心功能衰竭等有效的方法控制水肿后，患者才可以装配合适的矫形器。如不能有效控制水肿，患者是不适于使用全接触塑料矫形器的。有动脉硬化及糖尿病的患者，由于其末梢神经血液循环障碍，易因佩戴全接触矫形器产生皮肤溃疡，这是应该极力避免的。

（七）步态

步态评估用来提供有关患者步行功能的信息。任何特定的步态异常都可以通过询问病史和体格检查发现。准确的步态评估可以借助专业的设备和人员来进行。

二、康复训练

（一）矫形器佩戴前的功能训练

选择合适的矫形器；佩戴矫形器前增强肌力，改善关节活动的范围和协调性；评估佩戴矫形器的舒适性是否符合要求。

（二）矫形器功能的指导训练

对患者进行相关穿脱和使用矫形器的指导，如穿戴单侧下肢矫形器者，步行时应先迈健肢，后迈患肢。

三、康复护理

（一）穿戴方法指导

在开始阶段，患者及其家属需在医生、矫形器师、康复治疗师的指导下，学会矫形器的正确穿戴方法。

1）患者在穿戴矫形器前，应穿戴一层较紧身的薄棉质或者柔软、吸水性较强材质的内衣。

2）在穿戴过程中，应避免在矫形器内的压力垫部位产生褶皱，为减少对患者皮肤的压迫，需调整矫形器使其松紧适宜。

3）患者进餐时可以适当松开矫形器。如果穿戴矫形器引起患者较重的肠胃不适，应找矫形器师修改或重新更换。

4）在穿戴矫形器3个月后，或患者体重增加5kg以上、身高增加2cm以上时，可适当放松矫形器搭扣带。

5）在矫形器外，患者可根据天气和温度的情况添加棉质外衣。

（二）穿戴时间指导

穿戴时间是指患者穿戴矫形器治疗的持续时间。

1）使用的第一个月为适应阶段，患者应注意观察穿戴时有无不适，不能只追求矫正效果。

2）若穿戴30分钟后出现疼痛，必须修改矫形器的压力垫。

3）矫形器应每年更新一次。

（三）皮肤护理

穿戴矫形器的患者的皮肤需要每天进行如下护理：

1）每天用中性皂液清洁皮肤，清洁后擦干皮肤再穿戴矫形器，保持皮肤干燥。

2）每日进行适当的皮肤按摩。

3）穿戴矫形器时，应该经常检查皮肤，防止皮肤破损。若皮肤出现破损，有渗出液，应停止穿戴，请医生查看并进行相应治疗，待皮肤愈合并进行评估后再穿戴矫形器。反复出现皮肤破损时，应请矫形器师及时调整。压力处皮肤颜色加深是正常现象，脱下矫形器后会逐渐恢复。

（四）矫形器护理注意事项

1）矫形器需用水和肥皂清洁，然后用毛巾擦干。

2）可用电吹风用微热的风吹干燥矫形器，注意不可因加热过度而使矫形器变形。

3）患者不能自行修改矫形器或在矫形器上打孔，以免因矫正力减小而影响矫正的效果。

第二篇

下肢假肢的制作

第五章　髋离断假肢的制作

一、髋离断假肢概述

（一）髋离断假肢的适应证

1）大腿极短残肢，截肢平面位于股骨小转子近端的大腿截肢。

2）髋关节离断。

3）半侧骨盆切除。

4）半体全切除。

（二）髋离断假肢接受腔的结构形式和功能

1）接受腔将髂嵴和骨盆全部包容，残肢与接受腔内壁全面接触。

2）在接受腔内，截肢平面及附近软组织为承重部位，其附近的软组织承担部分体重。

3）接受腔的开口位于前方，以确保残肢侧向的稳定性。

4）口型上缘在两侧髂嵴上缘部呈凹形，有力地包住髂嵴，勒紧腰部软组织，发挥假肢悬吊作用。

二、髋离断假肢的制作技术

（一）残肢和健肢的临床检查

1. 残肢的检查

1）残肢残端部位皮肤和软组织的状况。

2）残肢的免压部位及残留骨状况。

3）坐骨和软组织的承重能力。

2. 健肢的检查

1）健肢支撑体重的能力。

2）健肢各关节的活动及功能。

（二）健肢和残肢的测量

1. 残肢的测量

残肢的测量内容包括：

1）髂嵴上缘最高点至坐骨结节的高度。

2）双侧髂前上棘的宽度。

3）髂嵴上缘接受腔悬吊位置的围长。

4）髂嵴上缘悬吊部位宽度。

5）髂嵴上缘腹部前后宽度。

2. 健肢的测量

健肢的测量内容包括：

1）健肢坐骨结节至地面的垂直高度。

2）健肢膝关节间隙至地面的垂直高度。

3）坐骨结节下水平围长。

4）膝关节上水平围长。

5）小腿最粗处围长及离地高度。

6）小腿最细处围长及离地高度。

7）健足全长。

8）健足鞋后跟的有效高度。

（三）绘制投影图

绘制投影图的步骤如下：

1）画出图纸竖直方向中心线。

2）让患者俯卧于图纸上，将中心线置于患者身体中心位置，留出可画足底的纸张。

3）画出下半身轮廓投影图。

4）画出膝关节间隙标志。

（四）取石膏阴型

1. 准备工作

1）穿取型衣裤（图 2-5-1）。将两件预先缝制好的取型衣裤穿在患者身上，残肢侧底部封底、健肢侧敞开，上口用带子连接固定在肩部。

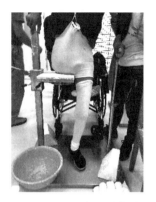

图 2-5-1　穿取型衣裤

2）用记号笔画标记（图 2-5-2）。在取型衣上画出：①双侧髂前上棘；②坐骨结节；③髂嵴上缘弧线；④肋弓最低部弧线；⑤通过肚脐人体中心的垂直线；⑥耻骨联合瘢痕、压痛部位；⑦髂后上棘；⑧健侧股骨大转子；⑨前侧外阴轮廓。

图 2-5-2　用记号笔画标记

3）准备一条长度为患者腰围加 20cm 的纱套剪成的布条和一个 10cm 长的布环。

4）准备承重取型架，两块 45°或 60°的楔块，10mm 厚、中等硬度的乙烯-乙酸乙烯酯共聚物（EVA）板及承重木托板。

2．取型

1）先用一卷浸湿的石膏绷带，从髂嵴上 10cm 处开始搭接式缠绕 3 层，每一层均用手将绷带表面上的石膏浆抹平。

2）将纱套绳浸湿后迅速从后至前在两髂嵴上的软组织部位勒紧，并将纱套绳两头穿过布环于肚脐下方交叉，再将纱套绳两头呈"八"字向腹股沟处拉紧，形成腰部口型。

3）用两卷石膏绷带按第一步的方法，自上而下缠绕 3 层石膏绷带至残端底部边缘。

4）将预先叠好的 4 层、长约 50cm 的石膏绷带浸湿，操作人员一前一后从残端底部向上封住残端底部。

5）用 2 层石膏绷带将残肢全部缠绕好，缠绕绷带时，绷带之间应有搭接，缠绕完成后，用手将表面的石膏浆抹平。（图 2-5-3）

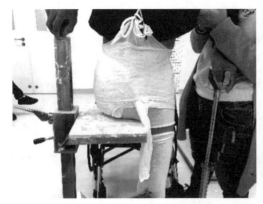

图 2-5-3　缠绕石膏绷带

6）在石膏绷带未硬化前，让患者将残肢放在取型架承重木托板上，调整站立平衡，将两块 45°（或 60°）楔块，一前一后，前楔块外旋 5°~15°，顶住残肢底部，在保持患者骨盆水平的情况下嘱患者让残肢承重。（图 2-5-4）

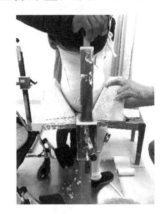

图 2-5-4　残肢放置于取型架承重木托板，前后分别放置楔块

使用楔块取型的作用：①通过承重和对楔块的加压，可使残肢的残端前后形成斜面，这样可扩大残端软组织与接受腔的接触面积和承重面；②增强残肢在接受腔内的导向作用，有利于控制和摆动假肢；③有利于髋关节连接板的定位和安装。

7）石膏绷带硬化后，除去楔块。

8）在肋弓的最低位和腹股沟画出接受腔腰部口型和健肢侧口型的轮廓。

9）用石膏剪从健肢侧石膏模型的外后侧剪开，取下石膏阴型。（图 2-5-5）

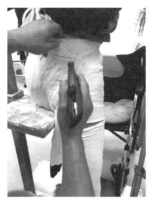

图 2-5-5　取下石膏阴型

（五）修剪、适配石膏阴型

1）按照标出的石膏型上的轮廓线修剪石膏阴型。

2）用石膏绷带将口型的边缘加固，残肢侧打上几个检查孔。将各部位的标记重新描粗，以便能明显地反映到阳型上。

3）将修好的阴型穿在残肢上，用带子固定好，检查口型走向、边缘是否合适。

4）通过检查孔，检查残肢与接受腔间有无空隙，同时检查腰和髂嵴的悬吊可靠性，查看残肢在接受腔内是否窜动。

5）让患者将残肢放在取型架承重木托板上，检查承重时有无挤压的部位，检查坐骨结节是否在坐骨平台上。

6）让患者坐在椅子上，检查石膏阴型上缘是否挤压肋弓下缘。

7）嘱患者做系鞋带姿态，检查健肢侧石膏阴型边缘对腹股沟上壁是否有挤压。

（六）灌注石膏阳型

1）阴型适配、检查、修改。

2）健肢的口型处用 3 层石膏绷带封好（图 2-5-6）。待石膏绷带硬化后，在阴型内壁均匀涂抹脱模剂。

图 2-5-6　封石膏阴型

3）将阴型放在沙箱内固定好。搅拌适量的石膏浆注入阴型内，然后将金属棒垂直插入中央。（图 2-5-7）

图 2-5-7　注入石膏浆，插入金属棒

4）待石膏硬化后，将模型从沙箱内取出，固定在工作台上，剥去阴型石膏绷带（图 2-5-8），得到石膏阳型。

图 2-5-8　剥去阴型石膏绷带

5）在石膏阳型上用记号笔描出中心线和装配基准线（通常为人体宽度 1/4 处外移 1cm），并在两端做好标记。

（七）修补石膏阳型

1）为了使接受腔在前下腹部对人体软组织有一定压力，用石膏挫在该部位削去厚度为 0.4~0.8cm 的石膏，具体厚度和范围应根据患者腰部软组织情况确定。

2）在石膏阳型的后侧，残肢侧和健肢侧的臀大肌部位也必须削去厚度为 0.5~0.8cm 的石膏，以防止该部位接受腔与残肢有空隙，对该部位增加一定压力，避免患者穿上假肢行走时骨盆向前倾斜。

3）在髂嵴及髂前上棘前内侧，沿取型时勒出的凹槽，削去厚度为 1.0cm 左右的石膏，并修整凹槽处使其自然圆滑过渡。

4）在髂嵴上缘和髂前上棘骨突部位，用石膏糊添补厚度为 0.5～0.7cm 的凸型，并修整圆滑。

5）在健肢侧口型前缘应添补宽 1.5cm、厚度为 1.0cm 的凸型，并修成斜坡形，使其圆滑过渡，目的是使接受腔口型形成翻边。

6）在石膏阳型残肢侧前侧斜面上人体中心线向外 1/2 加上 1.0cm 处，标出安装髋关节连接板的基准线。

7）在残端坐骨部位稍许添补一点石膏糊，以增加坐骨结节承重时的稳定性，增加舒适性。

8）修抹平整石膏阳型表面，用砂纸抛光，最后将阳型放置在烘箱（温度设定在 60℃～80℃）内干燥。

（八）树脂接受腔的制作

髋离断假肢接受腔通常采用丙烯酸树脂层积成型。残肢侧用硬树脂制成，健肢侧和腹腰部用软树脂制成，其具体制作工艺如下。

1. 准备工作

1）聚乙烯醇薄膜套的下料。

（1）内层薄膜套的下料。裁剪一块宽度为石膏阳型最大围长减去 10％～15％、长度为阳型远端至抽真空管上的抽气孔再加 10cm 的长方形双层聚乙烯醇（PVA）薄膜套料，用以制作内层薄膜套。（图 2-5-9）

（2）外层薄膜套的下料。裁剪一块周长与步骤一相同，长度再增加 20cm 的双层 PVA 薄膜套料，用以制作外层薄膜套。（图 2-5-10）

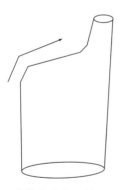

图 2-5-9　**裁剪大小合适的 PVA 薄膜套料**

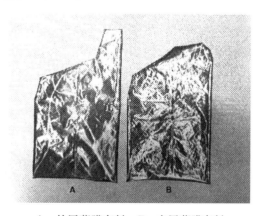

A. 外层薄膜套料，B. 内层薄膜套料

图 2-5-10　**裁剪大小合适的 PVA 薄膜套料**

2）焊烫内外层 PVA 薄膜套。

用电熨斗先将 PVA 薄膜套料焊成两个圆柱形筒状，然后按尺寸焊烫成内外层 PVA 薄膜套。（图 2-5-11）

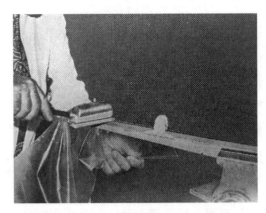

图 2-5-11　焊烫内外层 PVA 薄膜套

2. 髋关节连接板的定位

连接板是接受腔与髋关节的连接件，其位置确定要求准确，否则将影响髋关节的内收外展、内旋外旋和假肢的承重。定位方法如下：

1）将连接板正确地放置在石膏阳型残肢端面及前侧斜面上，连接板中心线应准确地对准阳型上标出的装配髋关节连接板的基准线。

2）根据石膏阳型端面形状，调整连接板长度和边缘，将边缘修磨圆滑。

3）连接板与石膏阳型平面如有间隙，应用轻腻子添补，添补后其边缘应呈斜面，且平滑。

4）为了增强连接板与接受腔树脂粘接强度，可在连接板的孔中穿连一些碳纤维条。

3. 树脂接受腔抽真空成型

髋离断假肢树脂接受腔抽真空成型工艺比较复杂，且对质量要求较高，其具体制作工艺如下。

1）在石膏阳型健侧口型平面中央和两侧髂腰的凹槽部位各钻一个 2mm 的导气孔，深度达到石膏阳型近端抽真空管附近。在口型平面的孔上盖一块 4 层厚、边长为 8cm 的正方形纱套布，用胶布将四个角固定好。另外，在髂腰部导气孔塞一些纱布条，增加通气性。

2）在石膏阳型近端，沿抽真空管缠绕布条，防止抽真空时将 PVA 薄膜套抽破；同时也能在抽真空时预防树脂被吸入抽真空管和真空泵。

3）将预制好的内层 PVA 薄膜套紧紧地卷在湿毛巾中 5～10 分钟，使其湿润。

4）将湿润好的内层 PVA 薄膜套用双手搓揉，然后在薄膜套内撒一些滑石粉，拍打均匀。

5）在石膏阳型上涂一层滑石粉，将内层 PVA 薄膜套套在石膏阳型上，用双手掌缓缓地将薄膜套往下拉，做到绷紧服帖、表面无皱、残端平整。下端扎紧在抽真空管上第一个排气孔的下方，然后打开真空泵检查内层 PVA 薄膜套是否漏气。（图 2-5-12）

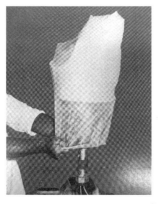

图 2-5-12　套 PVA 内层薄膜套于石膏阳型并扎紧

6）套纱套、放置其他增强材料。在石膏阳型上套两层纱套，其翻折部分应在健侧端面上，残端部的纱套要绷紧并保持平整。在残端部放置一层碳纤维布和一层涤纶毡覆盖住两个斜面，以增加局部强度，然后套两层纱套，下端扎紧在第一个排气孔和第二个排气孔之间的位置。（图 2-5-13）

图 2-5-13　套纱套

7）放置髋关节连接板。

（1）用油泥或橡皮泥将连接板上连接关节的孔填平，以防树脂堵塞；将连接板放置在已确定的位置上。

（2）将穿在连接板上的碳纤维条分散平铺。

（3）将一层碳纤维布覆盖在连接板上，碳纤维布的尺寸应大于连接板。（图 2-5-14）

（4）为了使软树脂能注入预定位置，必须从健侧口型平面处放置两根注入管，注入管一般为直径 5cm、长 40cm 的聚乙烯软管。将其中一根的一端斜放在略超过中心线靠近残肢附近，另一根卷起来放在健侧口型平面的纱布上，用胶带固定（图 2-5-15），作为软树脂注入管。

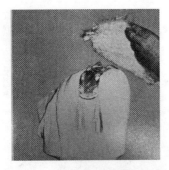
图 2—5—14　碳纤维布覆盖连接板

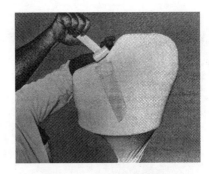
图 2—5—15　用胶带固定

（5）剪下另一层纱套，先在石膏阳型上套纱套的一半，然后扎一个"O"形线圈（图 2—5—16），翻下剩余的纱套，使健侧口型平面卷起的软树脂注入管能露出，下端在抽真空管上扎紧。（图 2—5—17）

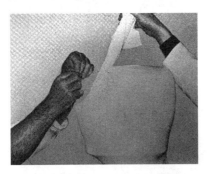
图 2—5—16　扎"O"形线圈

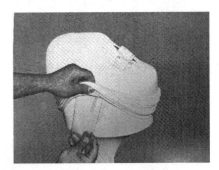
图 2—5—17　纱套翻口

（6）放梅花形金属垫片。取两块梅花形金属垫片，分别放置在残肢侧近端前后距接受腔上缘 5~8cm、连接板基准线内 2cm 左右位置，并用连长为 3cm 的正方形碳纤维布盖住，用于连接接受腔连接罩。（图 2—5—18）

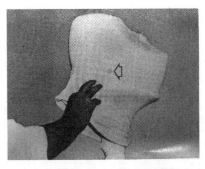
图 2—5—18　在图示箭头位置放置梅花形金属垫片

（7）放前开口垫片。按模型前侧开口线高度剪一块宽约 4cm、厚 0.1cm 的正方形塑料垫片放于前开口位置。

（8）再按上面的方法套四层纱套（如果患者残肢体积较大，应适当增加纱套层数）。

8）套外层 PVA 薄膜套（图 2－5－19）。

（1）将预制好的外层 PVA 薄膜套用湿毛巾湿润 5～10 分钟后从阳型残端部套入，在残端部的上方留出注入口。

（2）将两根套有纱套的软树脂注入管从外层 PVA 薄膜套的注入口中央连纱套一起拉出。

（3）将外层 PVA 薄膜套的下端在抽真空管第二个排气孔的下方扎紧。

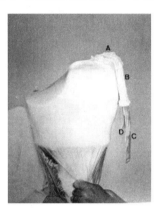

A. 外层 PVA 薄膜套的树脂注入口；B. 保护袜套；C、D 为两个树脂注入管

图 2－5－19　套外层 PVA 薄膜套

9）配制树脂。一般情况下软树脂配制 600g，分为两份（每份 300g），硬树脂配制 300g。固化剂和颜色糊的质量占树脂的 3%（根据具体情况可适当减少或增加）。

操作注意事项：一切准备工作完毕后再将固化剂倒入树脂内搅拌。

10）树脂抽真空成型。

（1）将软树脂搅拌均匀，其中一份注入前侧注入管，另一份注入后侧注入管，并立即将软树脂均匀地捋擦到健肢侧前后和近端区域，软树脂注入完成后连同纱套一起从注入管抽出。

（2）将配制好的硬树脂搅拌均匀后，从外层 PVA 薄膜套的上方注入口倒入（图 2－5－20），并立即将硬树脂均匀捋擦到残肢侧远端连接板及周边硬树脂区域（图 2－5－21）。

（3）树脂灌注完后，立即将外层 PVA 薄膜套扎紧，同时排出积存在注入口的空气。把阳型平放在垫有一层 2cm 厚海绵的工作台上。在健肢侧端面排气孔的纱布中心，用粗钢针将内外层 PVA 薄膜同时扎一个孔，并立即将外层 PVA 薄膜套的孔用透明胶带封闭好。其作用是让两端同时排气，减少树脂固化时树脂中的气泡，保证接受腔的质量。

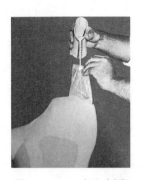 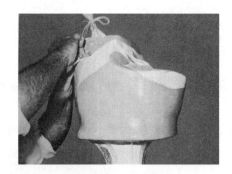

图 2-5-20　倒入树脂　　　　　图 2-5-21　捋擀树脂

4. 制作接受腔连接罩

1）树脂固化后，将注入口处和抽真空管处的无用树脂去掉。

2）在接受腔上套一层纱套，上端在健肢侧口型处扎紧，下端在的抽真空管第一个排气孔下扎紧，作为接受腔的保护层。（图 2-5-22）

3）将一只连接罩模块盖在髋关节连接板上，用胶带固定。

4）套内层 PVA 薄膜。裁剪一块 80cm×80cm 正方形 PVA 薄膜，用湿毛巾湿润后，两人拉着 PVA 薄膜的四角罩在接受腔连接板上，将四角在抽真空管排气孔下方一起扎紧。（图 2-5-23）

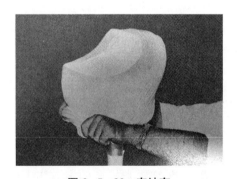 

图 2-5-22　套纱套　　　　　图 2-5-23　套内层 PVA 薄膜

5）在残端表面放置两层涤纶毡，其前后要覆盖残端前后的金属梅花形垫片的下缘，侧面覆盖髂腰至残端底部的一半即可。

6）将一块宽 3cm、厚 2mm、长度为前后金属梅花形垫片距离的 PE 板，放置在两层涤纶毡中间，两端对准前后金属梅花形垫片。（图 2-5-24）

7）套 2 层纱套，结扎处放在健肢侧端面上。把外层 PVA 薄膜套（形状与树脂抽真空成型使用的外层 PVA 薄膜套相同）用湿毛巾湿润后套在接受腔上。（图 2-5-25）

8）配置适量的硬树脂，再加上 15％的软树脂，加上固化剂和颜色糊搅拌均匀后注入 PVA 薄膜套内抽真空成型，树脂的范围应覆盖涤纶毡的范围。

9）待树脂完全固化后，去掉外层 PVA 薄膜套，取下连接罩，画出外形轮廓线，修剪边缘。连接罩内侧一般与会阴部平行，外侧在底部上 3～5cm，前侧在底部上 6～8cm，后侧在底部上 10～12cm。

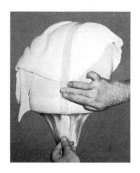 

图2-5-24　粘PE板　　　图2-5-25　套外层PVA薄膜套

10）修剪连接罩。

（1）在连接罩上按照连接板罩模块的形状开窗口。

（2）剪两根宽3cm（同PE板条槽相同）、长15cm和20cm的弹性松紧带，用铆钉将短的一根固定在连接罩的前侧槽内，长的一根固定在后侧槽内。

5．接受腔的修磨

1）沿口型用震动锯切去健肢侧端部和髂腰上部无用的部位。

2）用锋利的刀斜向割开前侧塑料隔离板中心线外层树脂，翻开后再用刀切开内层树脂，取下塑料板。最后从阳型上取下接受腔。

3）在打磨机上，先磨去残肢端底部堆积的多余树脂，再磨去髋关节连接板上露出的连接处的树脂。同时，清除连接螺孔内填封的橡皮泥。

4）按接受腔口型轮廓线将边缘修磨圆滑，同时用3.2mm钻头将埋设在腔体前后的金属梅花形垫片钻通，并用M4丝锥攻出4mm的麻花钻螺孔。

5）在接受腔前侧开口处安装两根固定带。

6）按假肢处方选配髋关节，固定在接受腔的连接板上。

（九）工作台对线

1．准备工作

根据假肢处方配置假肢部件，按照假脚、踝关节、连接件、连接管、膝关节、髋关节与接受腔的顺序放置对线台上连接组装（工作台对线）。

2．组装要求

1）根据测量的有关尺寸调整高度。

2）按国家标准《组件式髋部、膝部和大腿假肢》（GB 14722—2008）进行对线调整。

（1）额状面对线。额状面的基准线应通过髋关节中心、膝关节中心、踝关节中心，最后落到假脚第一与第二足趾中间（假脚外旋5°）。

（2）矢状面对线（图2-5-26）。矢状面基准线应通过接受腔、坐骨平台中心，在多轴膝关节转动中心前0～5mm、单轴膝关节转动中心前10～15mm，通过假脚全长中心后10～15mm（固定踝）或0～20mm（单轴踝）。

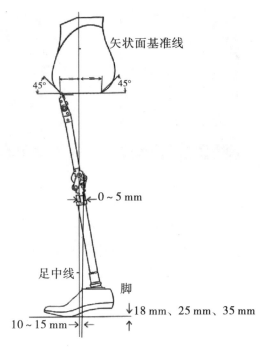

图 2-5-26 矢状面对线

（十）半成品静态试样调整

1）给患者正确地穿上假肢半成品后，在站立位，先检查假肢的高度，按国家标准，假肢与健肢等长或允许比健肢短 0~10mm。

2）检查坐骨结节是否在承重的平台内。免压部位是否有压痛，残肢的前后软组织与接受腔内壁是否有间隙，检查假肢对线的正确性。

3）检查口型髂腰部的悬吊性能及残肢在接受腔内是否有上下窜动。

4）让患者穿着假肢坐在凳子上，检查接受腔口型上缘是否顶压肋缘，会阴部的边缘是否对耻骨及其他软组织产生挤压。

5）检查健肢侧下方口型的边缘是否妨碍健肢的屈髋活动和弯腰动作。

（十一）半成品动态对线调整

1）将经过静态试样调整好的半成品让患者试穿，在确保安全的前提下，让患者在平行双杠内平衡站立。

2）让患者双手扶着双杠慢步行走，从前、侧和后三个方向观察行走时步态、步幅、步频等是否有异常。如属于假肢原因的，应及时调整修改。

3）患者穿戴假肢行走 20 分钟左右后，将假肢半成品从残肢上取下，检查残肢的承重部位和免压部位是否受压过大、皮肤是否有磨伤或变红。

4）将通过动态试样、调整、修改过的半成品连接部位的螺钉涂上防松胶。

（十二）制作外装饰套

1）选配一只髋关节假肢软性外装饰套，以膝关节为中心，其长度通常按假肢接受腔的全长，两端各加 3cm 的压缩量。

2）在打磨机上用圆磨头按接受腔连接罩型磨出凹槽。

3）将接受腔与髋关节分开，去掉假脚，从海绵套上端孔插入。将海绵套与接受腔连接罩和踝连接罩粘合，连接假脚。

4）用剪刀或锯条，修出初步腿型。

5）用打磨机按健侧有关尺寸和外形的投影图修磨与健侧相对称的腿形，其表面要平整。

6）将连接罩上的两根弹性松紧带用螺钉固定在接受腔上。

7）选用一只合适的肤色长筒袜套在表面，上端与连接罩粘合。

8）选用一只肤色丝袜套在外层作为装饰，完成成品。（图 2—5—27）

9）成品交假肢制作师进行质量的最终检查，合格后包装进库或直接交给患者使用。

图 2—5—27　成品

第六章 大腿假肢的制作

第一节 骨骼式大腿假肢概述

一、骨骼式大腿假肢的结构和特点

（一）骨骼式大腿假肢的结构

骨骼式大腿假肢一般适用于大腿膝关节间隙以上 10cm 至股骨大转子 5cm 以下截肢的残肢。假肢的基本结构为接受腔、膝关节、连接件、踝关节、假脚、外装饰套。

（二）骨骼式大腿假肢的特点

1）结构形式为组件式，可根据患者的诸多条件和要求选择适合的部件。
2）接受腔与残肢全面接触，符合生物力学的原理。
3）调整对线方便。
4）假肢重量较轻，患者步行时体能消耗少。
5）假肢的外观近似健肢。

二、接受腔结构形式和功能

（一）结构形式

假肢的接受腔是假肢与人体残肢连接在一起的重要的部分，常见的结构形式有坐骨承重式（横向椭圆形）接受腔、坐骨包容式（纵向椭圆形）接受腔、插入式接受腔。

（二）大腿假肢接受腔的功能

大腿假肢接受腔的功能包括：
1）容纳残肢、包容残肢的软组织。

2）支撑人体重量，辅助站立。

3）传递患者残肢运动的力，控制假肢的运动方向。

4）利用接受腔与残肢的全面接触和负压吸附，使假肢悬吊和固定在残肢上。

第二节　坐骨包容式大腿假肢制作

一、残肢和健肢的临床检查

（一）残肢的检查

残肢的检查内容包括：①残肢的长度；②残肢的皮肤和软组织；③残肢的免压部位；④残肢侧髋关节的活动功能。

（二）健肢的检查

健肢的检查内容包括：①健肢侧支撑体重的能力；②健肢各关节的活动功能。

（三）患者身体状况检查

患者身体状况检查的内容包括：①体质情况，是否为极度虚弱者；②是否患有高血压、糖尿病、心脏病等基础疾病；③是否存在意识障碍或精神障碍。

二、准备及测量

（一）材料和工具准备

准备材料和工具如图 2－6－1 所示，包括长度测量尺、直尺、卡尺、角度尺、皮尺、石膏剪、石膏绷带、水盆。

图 2－6－1　材料和工具准备

（二）残肢和健肢的测量

1. 残肢的测量

1）测量残肢长度（图 2-6-2）。让患者保持站立位，使用长度测量尺从会阴部测量残肢长度。

图 2-6-2　测量残肢长度

2）测量内侧前后径（图 2-6-3）。让患者坐到硬的平板凳上，残肢保持内收，用直尺测量内收长肌肌腱最近端到板凳面的距离。

图 2-6-3　测量内侧前后径

3）测量外侧前后径（图 2-6-4）。让患者保持站立位，用卡尺从外侧在臀纹线的位置测量残肢外侧前后径。注意卡尺要保持水平，且主尺与矢状面平行。

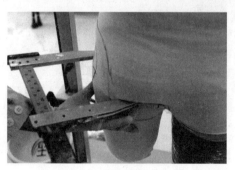

图 2-6-4　测量外侧前后径

4）测量骨骼内外径（图2－6－5）。让患者保持站立位，将卡尺一边放置于坐骨支内侧，另一边贴于股骨大转子下缘，保持卡尺水平且内外侧边与行进线平行，轻轻推动卡尺，使其卡住骨盆，读取测量数据。

图2－6－5 测量骨骼内外径

5）测量软组织内外径（图2－6－6）。让患者保持站立位，将卡尺放在测量骨骼内外径位置下50mm处测量软组织内外径，测量时注意保持卡尺水平且内外侧边与行进线平行。

图2－6－6 测量软组织内外径

6）测量对角线尺寸（坐骨支上缘至前外侧距离）（图2－6－7）。让患者保持站立位，用专用卡尺测量坐骨支与髂前上棘正下方外侧肌肉的距离，测量时注意卡尺要保持水平位。

图2－6－7 测量对角线尺寸

7）测量髂骨角度（图2－6－8）。让患者保持站立位，将专用角度尺转轴中心置于股骨大转子高点，角度尺一侧紧贴髂骨翼，一侧沿股骨中轴紧贴大腿测量髂骨角度。如残肢外展范围正常，也可测量健肢侧。

图 2-6-8　测量髂骨角度

8）测量耻骨弓角度（图 2-6-9）。让患者保持站立位，将专用角度尺转轴中心置于坐骨结节，固定臂平行于矢状面，活动臂从后侧紧贴坐骨支的走向测量耻骨弓角度。

图 2-6-9　测量耻骨弓角度

9）测量髋关节内收/外展角度（图 2-6-10）。让患者保持站立位，使用专用角度尺紧贴大腿外侧测量残肢内收、外展角度。

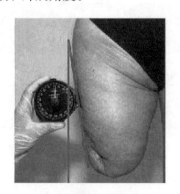

图 2-6-10　测量髋关节内收/外展角度

10）测量坐骨围长及残肢围长（图 2-6-11）。让患者保持站立位，用皮尺测量坐骨结节下方臀肌纹处围长，然后根据残肢长度向下每隔 30mm 或 50mm（具体根据残肢长度决定）测量残肢围长。

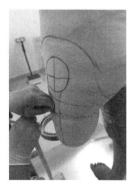

图 2-6-11　测量坐骨围长及残肢围长

2. 健肢的测量

1）测量坐骨结节高度（图 2-6-12）。让患者直立，保持骨盆水平，用皮尺测量健侧坐骨结节到地面的距离。

2）测量膝间隙高度（图 2-6-13）。让患者直立，用皮尺测量健侧膝间隙到地面的距离。

3）测量脚长（图 2-6-14）。用皮尺测量健侧脚全长。

4）测量健侧围长（成品外装饰用）。分别测量健侧踝上最细处、小腿最粗处、股骨髁上缘围长。

图 2-6-12　测量坐骨结节高度

图 2-6-13　测量膝间隙高度

图 2-6-14　测量脚长

三、取型

1）套取型袜套或缠绕保鲜膜（图 2-6-15）。给患者穿上取型袜套或在其残肢及健肢侧缠绕保鲜膜。

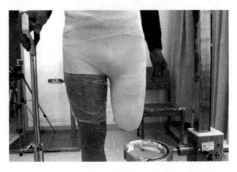

图 2-6-15　套取型袜套或缠绕保鲜膜

2）做标识（图 2-6-16）。在袜套或保鲜膜上画出必要的标识。触摸并标记坐骨结节、股骨大转子、内收长肌肌腱、股骨残端、神经瘢痕位置等，标记残肢围长测量点，标记接受腔轮廓。

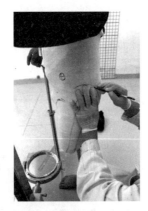

图 2-6-16　做标识

3）缠绕石膏绷带（图 2-6-17）。

（1）先按残肢大腿近端围长，准备 1 条宽 15～20cm 的长石膏绷带条。

（2）绷带条浸湿后，将其服帖地缠绕在大腿近端，其内侧应尽量到会阴部位，其后侧应包住臀大肌，前侧到腹股沟韧带，外侧到股骨大转子以上。

（3）用浸湿的石膏绷带卷均匀缠绕残肢。为防止绷带下滑，可以先在患者腰部缠绕 1 圈。

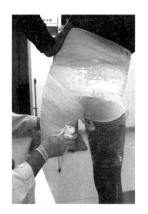

图 2-6-17　缠绕石膏绷带

4）手法塑型（图 2-6-18）。

（1）假肢制作师用一只手从残肢后面贴向坐骨支外侧，手指呈窝状斜向上，托住坐骨结节，手指在水平向需反映出坐骨支角度，另一只手置于股骨大转子上向内侧加压。

（2）助手从后面在残肢末端上方 50mm 处向内侧加压，形成内收状。

（3）手法塑型至石膏绷带硬化。

图 2-6-18　手法塑型

5）在石膏阴型前侧和外侧画垂线（图 2-6-19）。

图 2-6-19　在石膏阴型前侧和外侧画垂线

6）取下石膏阴型（图2-6-20）。

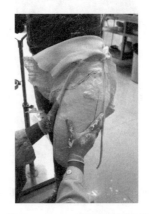

图2-6-20　取下石膏阴型

7）修整阴型。

（1）剪口型（图2-6-21）。按所画口型标识剪出口型。

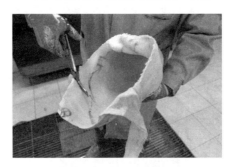

图2-6-21　剪口型

（2）添补口型圈石膏（图2-6-22）。根据测量尺寸，在口型圈处添补石膏，添补过程中不断核实相关尺寸。

图2-6-22　添补口型圈石膏

（3）将添补后的口型圈打磨光滑（图2-6-23）。

图 2－6－23　将添补后的口型圈打磨光滑

8）试石膏阴型（图 2－6－24）。

图 2－6－24　试石膏阴型

四、制作石膏阳型

将调配好的石膏灌入石膏阴型中，形成石膏阳型（图 2－6－25）。

图 2－6－25　制作石膏阳型

五、修型

1）在石膏阳型表面画出口型边缘走向（图 2－6－26）。

图 2-6-26　在石膏阳型表面画出口型边缘走向

2) 将后侧、内侧边缘以上的石膏修垂直（图 2-6-27）。

图 2-6-27　将后侧、内侧边缘以上的石膏修垂直

3) 将坐骨支撑面修整光滑，略突显弧度，并将其边缘向近端延伸。前、后、内、外四个面之间要过渡圆滑（图 2-6-28）。

图 2-6-28　前、后、内、外四个面之间要过渡圆滑

4) 将残端底部按所取型修光滑（图 2-6-29）。

图 2-6-29　将残端底部按所取型修光滑

5）整体砂光（图 2-6-30）。

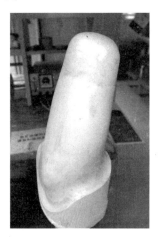

图 2-6-30　整体砂光

六、树脂接受腔的制作

1）将石膏阳型插入抽真空管内，固定在工作台的抽真空架上。

2）套上残端部成半圆弧形的 PVA 薄膜套，下端扎紧在抽真空管第一个排气孔下方，打开真空泵检查密闭性。（图 2-6-31、图 2-6-32）

图 2-6-31　套内层 PVA 薄膜套　　　　图 2-6-32　检查密闭性

3）套上一层半涤纶毡。

4）套上 2 层纱套（图 2-6-33），残端部也要缝制成半圆弧形，以确保接受腔残端内壁圆滑平整。

5）在坐骨平台下 2cm 处包一层宽的碳纤维布，以增强口型边缘的强度。（图 2-6-34）

图 2-6-33 套纱套　　　　　图 2-6-34 加碳纤维布

6）套 2 层纱套，下端扎紧在第二个排气孔下方，最后套上外层 PVC 薄膜套，下端扎紧在第二个排气孔下方，打开真空泵检查密闭性。（图 2-6-35）

图 2-6-35 套外层 PVC 薄膜套

7）配树脂。树脂用量的计算公式及其与颜色糊、固化剂的配比如下：

树脂总量（g）＝积层材料层数×石膏阳型总长度（cm）×阳型上、下两端围长平均数×4÷100（常数）

树脂：颜色糊：固化剂＝100：2：3

8）将石膏阳型向下成 45° 固定在工作台上。

9）倒入树脂（图 2-6-36）。将配好的树脂搅拌均匀后，从外层 PVA 薄膜套上方注入口注入，并立即扎好上口，暂不要开启真空泵。

10）轻轻拍打树脂，尽量排除树脂中的气泡，然后用一段软管将树脂均匀地往口型部擀至超过模型高度 1/2 的位置，打开第二个排气孔，并将阳型恢复向上的原位。

11）将树脂摇到需要的位置。树脂在固化的过程中会产生一些气泡，应及时往下捋擀掉，以确保接受腔表面质量。

12）冷却降温（图2－6－37）。树脂在固化的过程中产生高温时要及时冷却降温，以防树脂产生爆聚。

图2－6－36　倒入树脂　　　　　图2－6－37　冷却降温

13）树脂冷却固化后，剥去外层PVA薄膜套。

14）注意事项：若残肢过短，根据需要，用一块1.5mm厚的聚氯乙烯（PVC）板将接受腔顶部围起一个发泡筒，将硬发泡两组份按1∶1混匀搅拌倒入发泡筒，待发泡固化冷却后，去掉PVC板，再将石膏阳型去掉。

15）按接受腔口型的轮廓线，将接受腔口型边缘修磨圆滑，在接受腔底部侧面成45°角钻一个牵引孔。（图2－6－38、图2－6－39）

 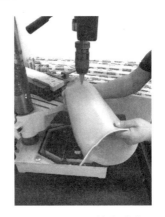

图2－6－38　修磨接受腔边缘　　　图2－6－39　钻牵引孔

七、半成品组装及工作台对线

（一）半成品组装（图2－6－40）

1）根据假肢处方选择假肢组件：踝关节、连接件（管）、膝关节、连接盘、假脚。

2）根据测量的尺寸将组件与接受腔连接。

图 2—6—40　半成品组装

（二）工作台对线

1）将装组好的假肢半成品放置在对线台（或对线仪）上。在假脚的后跟垫上有效高度垫块。

2）根据国家标准（GB 14722—2008）或零部件供应商提供的相关说明对线。

（1）确定矢状面接受腔初始屈曲角为5°，通常身体承重线通过膝关节转动中心前0～5mm（多轴关节）或10～20mm（单轴关节）、通过假脚全长中心后0～20mm（单轴踝）或10～15mm（固定踝）。

（2）额状面接受腔初始内收角为5°，身体承重线通过膝关节中心、踝关节中心、假脚第一足趾和第二足趾的中央。

（3）接受腔上的对线参考线在额状面偏向内侧（2：3），在矢状面在中线偏后1cm的位置。

八、假肢半成品静态试样和动态试样调整

（一）静态试样

1）用牵引带给患者穿上假肢半成品，让患者站立，检查骨盆水平情况，测量假肢的高度，按国家标准假肢应与健肢等高，允许比健肢短10mm以内。

2）检查患者坐骨结节与接受腔坐骨平台的位置是否吻合并能承重。

3）嘱患者健肢单侧支撑，假肢侧离地，假肢制作师用双手往下拉假肢，检查其悬吊性。

4）让患者穿着假肢坐在凳子上，检查接受腔前缘是否影响屈髋活动。患者的手能否够到鞋带。

5）检查膝关节屈曲90°时，小腿部位高低和大腿部位长度与健肢是否一致。

（二）动态试样调整

1）让患者穿着假肢在平行双杠内扶着把杆来回行走。假肢制作师从前、侧、后三

个方向观察其步态，检查工作台对线的准确性及是否有异常步态出现。如发现假肢方面原因引起的异常，应立即进行调整。

2）通过穿戴假肢步行和残肢承重一定时间后，让患者坐在凳子上脱下假肢，检查残肢各部位皮肤是否有变色、压迫或磨破。

九、发泡后二次抽真空成型

过短残肢的接受腔在项部添加发泡体后需对接受腔进行第二次抽真空成型，其步骤如下：

1）将经过静态和动态试样调整的假肢半成品部件与部件的对线和定位关系准确地做好明显的定位标识。

2）将接受腔从半成品上拆卸下来，在发泡体表面均匀涂上轻腻子，然后在打磨机上修磨成型。

3）用粗砂布将接受腔树脂表面打毛糙。

4）将牵引孔和木连接座的螺孔用橡皮泥封堵好，再用胶布盖封，以防树脂堵塞。

5）接受腔第二次抽真空：

（1）在接受腔内壁牵引孔封上一块胶布，整个内壁涂刷脱模剂，将接受腔放置在沙箱内，将黄沙或木屑倒入 3/4 接受腔高度，再用适量石膏浆灌满，插入一根金属棒。石膏硬化后，再插入抽真空管内，固定在工作台上。

（2）用 2 层边长 5cm 的正方形碳纤维布，在发泡体和木连接座连接处缠绕一圈，增加强度。

（3）在接受腔表面套 2 层纱套，下端扎紧在抽真空管第二个排气孔下。然后套一PVA 薄膜套，下端扎紧，打开真空泵，检查密闭性。

（4）根据树脂总量的计算公式，配置适量树脂，按比例加入颜色糊和固化剂搅拌均匀后，注入 PVA 薄膜套内，二次抽真空成型。

（5）待树脂固化后，剥去 PVA 薄膜套，清除接受腔内的石膏和黄沙后修磨接受腔，口型边缘要修磨圆滑。

（6）使用专用套钻在接受腔牵引孔处钻出孔，清除牵引孔和木连接座螺孔内的橡皮泥。

十、假肢成品的装配和装饰

1）选择海绵套。根据测量的假肢长度，两端各加上 3cm 的压缩量，用打孔器钻出中心内孔。

2）在打磨机上将消棉套上端面磨出接受腔上 2/3 长度的形状相似的凹槽。

3）根据接受腔口型内侧会阴下 5cm 部位水平围长，准备一条 5cm 宽的橡胶带或软质的皮革带，做成接受腔与海绵套的连接环。

4）将接受腔与膝关节重新组装，去掉假脚，从海绵套上端孔插入。将海绵套与接受腔上的连接环和踝连接罩粘合，连接假脚。

5）根据所画的患者健侧腿的投影图和测量尺寸，修磨海绵套，直到形状、尺寸符合图纸和人体肢体形态要求，并将表面修磨平滑。

6）安装排气阀门。

（1）将假肢膝关节屈曲 90°，用直径 20mm 的磨头将牵引孔修整好。

（2）将牵引管穿过海绵孔插入接受腔的牵引孔内，使阀门座的平面压低海绵表面，将超出接受腔内壁多余的管段做好标记后，锯掉取出，将边缘修整平滑，不得有毛刺。

（3）在接受腔的孔壁上涂上粘合剂，将牵引管重新穿入，将阀门管与接受腔粘合。固化后用打磨机圆磨头从接受腔内将牵引管口磨平。

7）假肢外装饰处理。

（1）选择近似肤色的袜套，先套在泡沫的外面，上口拉紧，在牵引管阀门孔处涂上快干胶，在袜套正对牵引管阀门孔处剪一个小孔，让牵引管穿过，将袜套固定至阀门管后面。

（2）套上一只丝袜，用手抚平整，完成大腿假肢成品制作。

第七章　膝离断假肢的制作

膝关节离断残肢的末端可以承受体重，膝上的股骨内外髁上方利用软接受腔的特殊形状，可以悬吊假肢。如果残肢的末端只能部分承重或不能承重，则要根据残肢的具体情况设置接受腔的坐骨承重。

一、残肢和健肢的临床检查

（一）残肢的检查

残肢的检查内容包括：①残肢末端承重的状态；②确定残肢的免压部位，并做出标识；③残肢软组织及皮肤的状况；④髋关节的活动功能。

（二）健肢的检查

健肢的检查内容包括：①健侧肢体站立支撑和行走的能力；②健侧肢体各关节的活动功能。

二、残肢和健肢的测量及绘图

（一）残肢的测量

残肢的测量（图 2－7－1）：
1）残肢长度，即坐骨结节至残肢末端的距离。
2）股骨内外髁突出点的前后径（A－P）长、内外径（M－L）长。
3）残肢末端至地面的高度。
4）残肢坐骨结节水平位的围长及以下每间隔 5cm 残肢的围长。
5）残肢末端至股骨内髁最高处的距离。
6）最小围度，即股骨末端至髁上最细处围长。
7）测量股骨髁内外、前后最宽处。

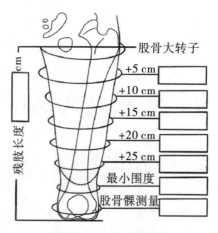

图 2-7-1　残肢的测量

（二）健肢的测量

健肢的测量（图 2-7-2）：

1）患者取坐位时健侧髌骨上最高处距离地面的高度。

2）膝关节间隙髌韧带正中位（MPT）至地面的垂直高度。

3）膝关节屈曲 90°时大腿平面至地面的垂直高度。

4）小腿最粗部位和最细部位至地面的垂直高度。

5）小腿最粗部位和踝上最细部位的围长。

6）脚长。

7）常用鞋跟高度。

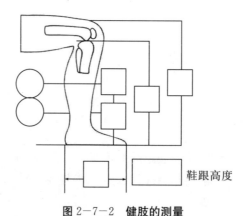

图 2-7-2　健肢的测量

（三）绘制健肢立位投影图

1）让患者靠墙站立，并在其背后放置一块图板和白纸。

2）用笔垂直于肢体，沿健侧大腿画出矢状面、额状面投影图。

三、石膏阴型取型

（一）取型前准备

1）在残肢上套上袜套，上口部用带子拉至腰部固定，以防取型时袜套移位（图2－7－3）。在前中线位置取型袜内放置开口垫片，以便后续切开。

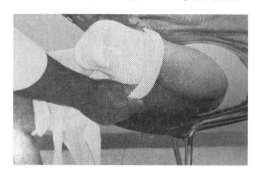

图2－7－3　套袜套

2）在股骨内外髁骨突出部及免压部做明显的标记。
3）在残肢的额状面和矢状面画出残肢的中心垂线。

（二）取型

1）准备一台取型架，让患者站立，残肢放在取型架托板上（图2－7－4），调整取型架高度，使骨盆保持水平。
2）在残端股骨髁部，用4层石膏绷带做出残端部形状。
3）用石膏绷带从残端向上缠绕到大腿根部，通常需要缠绕6层石膏绷带。（图2－7－5）

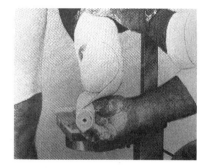

图2－7－4　残肢放于取型架托板　　　图2－7－5　缠绕石膏绷带

4）石膏绷带全部缠绕完成后，让患者的残肢放到取型架托板上，并使残肢承重，使残端底部呈现承重状态的形状。（图2－7－6）
5）用双手在残端内、外侧进行股骨髁部的塑型（图2－7－7），以形成接受腔的悬吊装置，以防止残肢在摆动相的活塞运动，确保假肢的稳定性。

图2-7-6 残肢承重

图2-7-7 股骨髁部塑型

6）在石膏绷带未完全硬化前，用双手将表面的石膏抹光滑。

7）在阴型近端宽度中心画出额状面和矢状面的铅垂线。

（三）修剪石膏阴型

1）待石膏绷带硬化后，将石膏阴型从残肢上取下。（图2-7-8）

2）修剪阴型接受腔口型（图2-7-9）。后侧上缘比坐骨结节低2cm，内侧缘比后侧缘低1cm，外侧缘在股骨大转子下，前侧缘、内侧缘和外侧缘自然连接，以不妨碍髋关节的屈曲为原则。

3）将修整后的石膏阴型按切缝对合，用石膏绷带封口。（图2-7-10）

图2-7-8 取下石膏阴型

图2-7-9 修剪阴型接受腔口型

图2-7-10 封口

四、石膏阳型的制作

（一）灌注石膏阳型

1）将石膏阴型的上口用石膏绷带加高10cm，作为裙边。（图2-7-11）

2）在石膏阴型腔内涂刷脱模剂，然后将阴型固定在沙箱内。

3）搅拌适量的石膏浆倒入阴型内，同时取一根金属棒插入腔中央，金属棒与阴型表面额状面和矢状面中心线保持平行。

4）待腔内石膏硬化后，将模型固定在工作台上，剥去外层的石膏阴型（图2-7-12），并把从阴型翻印到阳型上的标志和中心线描绘清楚。

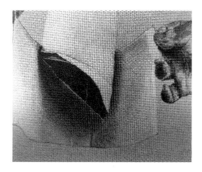 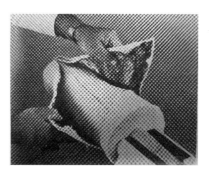

图2-7-11　石膏绷带加高裙边　　　　图2-7-12　剥去石膏阴型

（二）修补石膏阳型

1）用石膏锉将阳型表面的石膏绷带底端和不平整处磨平整。（图2-7-13）

2）在残肢末端免压和骨突部用石膏增补3mm。

3）修磨口型的边缘形成翻边，然后修磨圆滑。

4）用砂纸将整个石膏阳型表面打磨光滑（图2-7-14），放入烘干箱干燥。

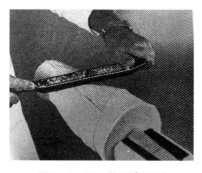 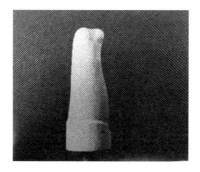

图2-7-13　锉石膏阳型　　　　　图2-7-14　将阳型打磨光滑

五、制作接受腔内衬套

1）测量阳型尺寸（图 2-7-15），主要测量阳型长度、残端部围长和口型裙边部径、围长。

2）选择一块 4mm 厚聚乙烯（PE）泡沫板，根据测量的阳型尺寸，围长加 2cm，长度在残端部加 5cm，剪裁下料。

3）在 PE 泡沫板围长的一边正面和另一边的反面各磨削宽 1.5cm 的斜面粘合边，然后将 PE 泡沫板粘合成圆锥形内衬套筒。（图 2-7-16）

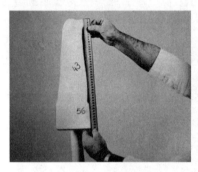 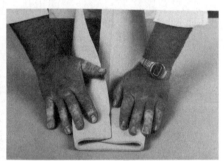

图 2-7-15　测量阳型尺寸　　　　图 2-7-16　粘合内衬套筒

4）将粘合好的内衬套筒放置在烘干箱内，软化后在套筒内壁撒一些滑石粉，迅速地套在阳型上，用双手将套筒向下捋，让套筒的内壁与阳型紧压服帖，在股骨髁上髁间沟处要用力按压成凹形。（图 2-7-17、图 2-7-18）

图 2-7-17　撒滑石粉　　　　图 2-7-18　按压成型

5）待内衬筒套成型后，将残端部多余的 PE 泡沫板剪至边缘距残端底部 1~2cm，磨成 1cm 的斜面，以便与另行制作的残端承重垫粘合。

6）剪一块直径 5cm 左右的圆形 PE 泡沫板，放在烘干箱内软化后，作为残肢盖，盖在阳型残端部，用手压塑成残端承重面的形状，做出方向标记。（图 2-7-19）

7）沿按压出的印迹剪去残肢盖多余的部分，用粘合剂将其与内衬套筒粘合，磨去边缘。（图 2-7-20）

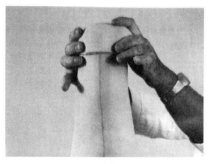 

图 2-7-19　压塑残肢盖　　　　　　图 2-7-20　粘残肢盖

8）用 PE 泡沫板补平股骨内外髁上的髁间沟处凹部，直至补到髁间沟处的围长与髁部围长相等。以确保内衬套与接受腔穿脱方便，并能发挥残肢在接受腔内的悬吊功能。

9）在内衬套前侧中心上缘往下粘一条宽 1cm、长 10cm 的 PE 泡沫条，防止内衬套在接受腔内旋转，同时在穿脱内衬套时起导向作用。（图 2-7-21）

图 2-7-21　粘 PE 泡沫条

10）用一厚 1.5~2.0cm 的 PE 泡沫板将整个外形再覆盖一层，保证粘的东西不会因长时间使用被磨损。

六、制作树脂接受腔

（一）抽真空前的准备

1）按阳型形状和测量的长度适当加长，剪裁两张 PVA 薄膜。用电热裂斗焊熨成一个一端成半圆形的上窄下宽的内层 PVA 薄膜套。（图 2-7-22）

2）将内层 PVA 薄膜套用湿毛巾湿润后，往套内撒些滑石粉，套在阳型上，残端部要服帖，下端扎紧在抽真空管第一个排气孔下方，打开真空泵检查密闭性。（图 2-7-23、图 2-7-24）

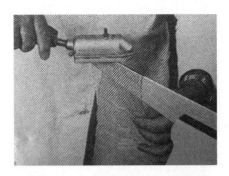

图2-7-22　焊熨内层PVA薄膜套

图2-7-23　套内层PVA薄膜套

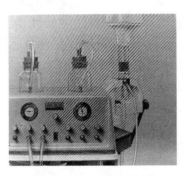

图2-7-24　检查密闭性

3）套上2层纱套。（图2-7-25）

4）在残端底部和残肢后侧上1/3高度，放置一层碳纤维布，套一层半玻璃纤维套。（图2-7-26）

5）在阳型上放置膝关节连接板，在连接板内侧贴上一块塑料胶带，外侧用橡皮泥填平。同时在残端前侧距残端10cm处放一枚金属梅花形垫片，用碳纤维布盖住连接板和金属梅花形垫片。

6）套上4层纱套，然后套上外层PVA薄膜套，下端扎紧。（图2-7-27）

图2-7-25　套纱套

图2-7-26　套半玻璃纤维套

图 2-7-27　套外层 PVA 薄膜

（二）树脂抽真空成型

1）打开真空泵，检查密闭性。

2）根据树脂用量计算公式，配置好软树脂和硬树脂（不再详述），搅拌均匀后按先后顺序从外层 PVA 薄膜套上方注入口注入，按近端软树脂、远端硬树脂的要求将树脂擀均匀，并扎好上口。（图 2-7-28）

3）将阳型成 45°固定在工作台上，抽真空（此处不再详述）。

4）在捋擀树脂的同时，要把树脂中的气泡往下擀掉，以确保接受腔质量。（图 2-7-29）

图 2-7-28　倒入树脂

图 2-7-29　捋擀树脂

5）在树脂固化的过程中要注意温度，若温度过高应及时用冷却剂冷却降温，防止树脂的聚爆。

6）待树脂完全固化后关闭真空泵。

注意事项：为了穿戴舒适性，膝离断假肢接受腔上口缘处应该由软树脂抽真空成型，故上述成型应控制硬树脂分布于距上口缘 10cm 左右处。待树脂固化后，取掉外层 PVA 薄膜，套 2 层纱套，再套外层 PVA 薄膜套灌注软树脂抽真空成型。

（三）制作接受腔连接罩

1）树脂固化后，去除残端部位多余树脂，保留好外层 PVA 薄膜套作为连接罩树脂抽真空成型的分离层。

2）在接受腔外面套 3 层薄纱套，扎紧上下口，再套一只外层 PVA 薄膜套。

3）配置适量的树脂，从上方注入口注入，树脂注入完毕后，将口部扎紧，将树脂搋到前后距上口缘 15cm 处，待树脂固化后，剥去 PVA 薄膜套，取下连接罩。

4）修剪连接罩，形成一个元宝形或船形，其前侧缘高度超过金属片中心 2～3cm，后侧缘高于前侧缘。

5）在连接罩前后侧缘上各钻一个直径为 4mm 的孔，前面的孔与接受腔前的金属片中心相对应。

6）在连接罩对应残端底部处切一个长方形开口，其宽度和长度以能通过膝关节体为宜。

7）用铅笔画出接受腔额状面和矢状面与阳型金属棒平行的中心线，作为接受腔对线的基准线。

8）打掉接受腔内的石膏，取出内衬套。按口型的轮廓线修磨树脂接受腔口型边缘。注意边缘要平整，过渡要圆滑，再用砂纸将其打磨光滑。

9）修剪残肢内衬套，其上缘要高于接受腔口型边缘 5～10cm，边缘要平整，过渡应圆滑。

10）为了便于残肢穿入内衬套，可在内衬套对应添补石膏部位的前侧或内侧割一条竖直的口缝，注意要在口缝两端各钻一个 3mm 的小孔，以防口缝处延伸撕裂。

（四）半成品组装与工作台对线

1. 半成品组装

1）准备好以下材料：接受腔、假肢膝关节、假肢踝关节、假脚、支撑管及管接头、患者尺寸测量表等。

2）用工具将所有组件按基本要求进行组装。

3）按患者测量尺寸确定好假肢高度。

2. 工作台对线

1）将组装好的假肢放到三维对线架上，并按测量的后跟高度加上后跟垫块。

2）在矢状面上调整接受腔的屈曲角度和前后位置；调整假脚的跖屈和背伸位置，使激光对线仪打出的竖直线通过膝关节转轴中心并与接受腔对线参考线重合（取型时所做基准线），且处于假脚掌的对线点上（参照厂家提供的对线参考图）。

3）在额状面上调整接受腔的内收、外展角度和左右位置；调整假肢膝关节的外旋角度；调整假脚的内外旋角度，使激光对线仪打出的竖直线通过膝关节中心并与接受腔对线参考线重合（取型时所做基准线），且通过假脚的对线点（通常是外旋 5°，具体参照厂家提供的对线参考图）。

七、半成品静态试样和动态试样调整

（一）半成品的静态试样

1）技术人员给患者穿一只残肢袜套，再将内袜套穿在残肢上，其楔形定位条位于前方，然后穿上假肢，承重站立。

2）用水平仪在人体双侧髂嵴检查假肢的高度，要求假肢侧与健肢侧等高。

3）让患者残肢承重后检查残肢端承重部位受力时是否有压痛的情况。

4）让患者以健侧肢体支撑承重，残肢侧离地，检查假肢的悬吊性及残肢在接受腔内有无旋转现象。

5）让患者穿着假肢坐在凳子上，检查接受腔口型的边缘是否影响髋关节的屈曲，其他部位是否有不适之处，如有不适之处应及时修整。

（二）半成品动态试样调整

1）给患者正确地穿上假肢，检查膝关节连板固定的牢固性后，让患者在平行双杠内来回行走。从前、侧和后三个方向观察步行情况，是否有异常步态。

2）通过观察步态，检查假肢的悬吊性和假肢的稳定性。如发现有异常步态，分析原因，若属于假肢装配方面的原因，应及时调整。

3）通过 10~29 分钟的动态试样调整，让患者坐在凳子上，脱下假肢检查残端承重部位的受压情况及残肢表面皮肤的情况，如有异常应及时修整。

八、假肢成品的装配和装饰

（一）成品装配

1）固定接受腔连接座。取下假肢接受腔，通过树脂二次抽真空成型将连接座固定在接受腔上。

2）用快干树脂抽真空成型制作粘装饰海绵用的连接罩，并修整好形状用松紧带固定在接受腔上。

3）将处理好的接受腔按之前的位置装到膝关节上。

4）将假肢连接螺丝拧紧固定。

（二）制作外装饰套

1）选择合适的装饰海绵，按假肢连接罩形状及膝关节尺寸掏孔。

2）拧下相邻的两颗踝关节四棱锥固定螺丝，卸下假脚板。

3）将装饰海绵通过连接管套到假肢上，并与连接罩粘接好，预留 3cm 压缩量后截去多余的海绵。

4）装回假脚掌，拧紧固定螺丝，将装饰海绵同假脚盖板粘牢。

5）参照健侧肢体投影图，按患者健侧腿形对假肢进行打磨装饰。

6）在打磨好的装饰海绵上套上与患者肤色接近的装饰袜套，成品制作完成。

第八章　骨骼式小腿假肢的制作

一、骨骼式小腿假肢适应证

骨骼式小腿假肢适用于膝关节间隙下 80mm 至踝上 50mm 的小腿截肢患者。

二、残肢和健肢的临床检查

（一）残肢的检查

残肢的检查内容包括：①残肢的长度、残肢髌韧带承重性。②残端部位的压痛点和承重部位。③残肢皮肤和软组织的状况。④膝关节功能活动状况。

（二）健肢的检查

健肢的检查内容包括：①健侧小腿站立支撑体重的能力；②健侧肢体各关节活动状况。

三、残肢和健肢的测量（测量记录图）

（一）残肢的测量

残肢的测量（图 2－8－1）：
1）残肢的长度，从髌韧带至残肢末端。
2）髌韧带髌韧带正中位内外径（A－P）宽度和前后径（M－L）宽度。
3）髌韧带水平围长及向下每隔 3cm 各部位的围长。
4）股骨内外髁最宽处和髁上的宽度。

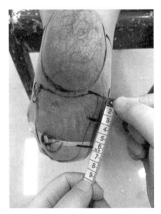

图 2-8-1 残肢的测量

（二）健肢的测量

健肢的测量（图 2-8-2）：

1）髌韧带中央至地面的垂直高度。

2）小腿最粗部位径、围长。

3）踝上最细部位径、围长。

4）小腿肚最粗部位至地面的垂直高度。

5）踝上最细部位至地面的垂直高度。

6）脚长。

7）鞋跟有效高度。

图 2-8-2 健肢的测量

四、取石膏阴型

(一) 材料和工具准备

准备的材料和工具（图 2-8-3）包括取型仪、登记表、标记笔、皮尺、卡尺、石膏绷带、石膏剪、美工刀、内衬垫、PVA 薄膜、树脂、固化剂、颜色糊、真空泵等。

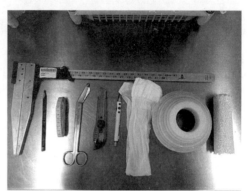

图 2-8-3　材料和工具准备

(二) 患者准备

1) 让患者端正地坐下，大腿的长轴与椅子的前缘大致成直角。
2) 残肢髌骨面向正前方，短残肢屈曲成 20°~30°，中长残肢屈曲成 10°~20°。
3) 将取型袜套套在残肢上，以完全包住髁上，以超出 5~10cm 为宜。（图 2-8-4）
4) 袜套的上口部用带子拉紧固定在腰部。
5) 在残肢上画出骨性和免压部标记（图 2-8-5）：
①髁上缘和髌骨轮廓线；②髌韧带；③胫骨内、外粗隆；④腓骨小头；⑤胫骨嵴及胫骨端突出部位；⑥腓骨端部；⑦大腿后侧和内、外侧肌群（半腱、半膜肌，股二头肌的通路）；⑧胫骨内侧髁前面突起部；⑨胫骨内侧髁扩展部起始端；⑩其他骨突部、压痛和免压部位。

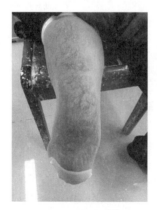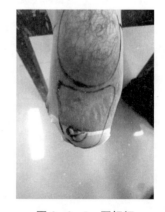

图 2-8-4　套取型袜套　　　图 2-8-5　画标记

（三）取型

1）口型片的制作。用宽 20cm 的石膏绷带，按残肢膝部围长再加 10cm 的长度叠成 4 层，然后剪成驼峰形。其具体修剪尺寸为：中间的凹处高为 5cm、宽为 3cm，浸湿后敷在残肢上，绷带上缘要超过髁上 2cm。

2）从髌骨上方开始向下缠绕石膏绷带，按前侧—内侧—后侧—外侧—前侧的顺序，缠绕 3~4 层，绷带的边缘应互相搭接。（图 2-8-6）

3）用双手将表面的石膏浆抹平。

4）以右侧残肢取型为例，假肢制作师用双手拇指卡在髌韧带处，食指和中指卡在内髁上缘，其余两指放于腘窝面加压。（图 2-8-7）

5）在石膏绷带未硬化前，用双手在胫骨嵴两侧反复按摩，形成承重面。

6）待石膏绷带硬化后，用标记笔画好标记，用美工刀从髌骨沿着标记线将阴型切开（切口保持直线，图 2-8-8），然后将长出的一段袜套翻卷下来，把阴型从残肢上取下。

7）按阴型口型上的轮廓线修剪口型，用石膏修补口型边缘，用开口长度大小的石膏绷带封口后，在残端部剪一个牵引孔。（图 2-8-9、图 2-8-10、图 2-8-11）

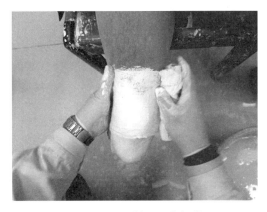

图 2-8-6　缠绕石膏绷带

图 2-8-7　取型手法

图 2-8-8　切开石膏阴型　　　　图 2-8-9　修剪口型

图 2-8-10　石膏绷带封口　　　　图 2-8-11　剪牵引孔

（四）试石膏阴型

1）让患者穿一只袜套，残肢端留出一定的长度作为牵引带。

2）让患者坐着套上石膏阴型，利用残端的牵引带，将残肢全部拉到阴型接受腔内。

3）石膏阴型接受腔试穿的检查：①让患者坐下，检查口型内外侧吊耳的高度是否超出大腿部平面。②让患者站立，检查股骨内外髁上悬吊情况和髌韧带承重位置的情况。③坐位检查后侧肌群是否有顶压不适感，口型后缘腘窝处的高度是否合适。④让患者穿着石膏阴型踩在取型仪上进行承重试验（图 2-8-12）。

图 2-8-12 承重试验

五、石膏阳型的制作

（一）石膏阳型的灌注

1）将阴型口型的上缘用石膏绷带围出 10cm 裙边，待其硬化后将边缘修剪整齐。
（图 2-8-13、图 2-8-14）

2）将阴型腔内壁的骨性标志和免压标志描绘明显。

3）在阴型腔内壁涂刷脱模剂，然后固定在沙箱内。（图 2-8-15）

4）搅拌均匀适量石膏浆注入阴型接受腔内，同时插入一根金属棒。

5）待石膏硬化后，从沙箱内取出模型，固定在工作台上，然后剥去石膏阴型绷带
（图 2-8-16）。

图 2-8-13 用石膏绷带围出裙边

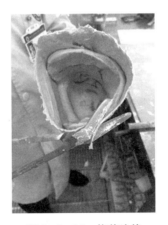

图 2-8-14 修剪边缘

图 2-8-15　固定石膏阴型　　图 2-8-16　剥去石膏阴型绷带

（二）修石膏阳型

石膏阳型的修整（图 2-8-17）：

1）先修阳型正面的髌韧带。其宽约 1.5cm、长约 3cm、深约 1cm，其边缘应修整圆滑。

2）胫骨嵴两侧的平面。

3）外侧腓骨骨干。

4）胫骨内侧髁扩展部。

5）后侧腘窝部位。

6）股骨内外髁上缘，即口型内外侧吊耳的边缘，要修磨圆滑。

图 2-8-17　修石膏阳型

（三）添补免压部位

添补的免压部位（图 2-8-18）：

1）胫骨内、外粗隆。

2）腓骨小头突出部。

3）胫骨嵴突出部。

4）胫骨端突出部。

5）腓骨端。

6）添补后侧大腿肌群（半腱肌、半膜肌的通道）时，外侧的二头肌通道要高一些，内侧半腱肌、半膜肌要稍低些，添补的免压部位，通常要补高 3mm 左右。修磨时，中央要高些，边缘要薄些，表面要修圆滑，为了使添补的免压部位明显，添补时用深色的石膏浆。

图 2-8-18　添补免压部位

六、接受腔内衬套的制作

1）取一块 PE 泡沫板按阳型尺寸下料剪裁。

2）在下料时，在两端围长各加 2cm，其总高度在顶端部加 5cm。

3）在 PE 泡沫板围长边的一边正面和另一边的反面，各磨削宽 1.5cm 的斜面粘合边（图 2-8-19），然后用粘合剂粘合成圆锥形套筒。

4）将石膏阳型固定在工作台上，并将粘合好的套筒放入烘箱内加热软化。（图 2-8-20）

5）在软化好的套筒内壁撒些滑石粉，立即将套筒从残端部套入阳型，并用双手将套筒往下捋，边捋边用弹力绷带加压成型（图 2-8-21、图 2-8-22）。注意套筒的粘合缝应位于阳型后侧中心线上。

6）成型后在套筒前残端部修剪掉 2cm，磨成 1cm 斜面。

7）剪裁一块厚 5mm 圆形的 PE 泡沫板，其面积要大于残端部修剪的面积。（图 2-8-23）

8）将剪裁的 PE 泡板板放在烘箱内，加热软化后覆盖在残端部，加压成型。（图 2-8-24）

9）用粘合剂将成型的补片与套筒斜面粘合，然后把粘合缝修磨平整。（图 2-8-25、图 2-8-26）

图 2-8-19　打磨 PE 泡沫板斜面　　图 2-8-20　套筒放入烘箱内加热软化

图 2-8-21　将套筒套入阳型　　　图 2-8-22　加压成型

图 2-8-23　将 PE 泡沫板覆盖在残端部　　图 2-8-24　加压成型

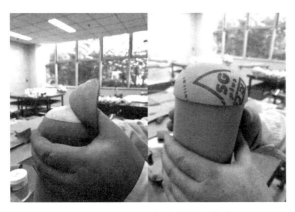

图 2-8-25　与套筒斜面粘合　　　　图 2-8-26　修磨粘合缝

七、树脂接受腔的制作

（一）树脂层积工艺的准备

1）在石膏阳型软衬套表面套上一只端部焊熨成圆弧形的 PVA 薄膜套，下端扎紧在抽真空管第一个排气孔的下方，打开抽真空泵检查 PVA 薄膜套密闭性。（图 2-8-27、图 2-8-28）

2）套 2 层纱套在阳型上（图 2-8-29），将碳纤维布剪成边长 4cm 左右的正方形，在前侧髌韧带及后侧腘窝处缠绕一圈碳纤维布，同时在内、外侧吊耳处和残端顶部也各加一块碳纤维布加固。

3）将方锥四爪正确放置在阳型顶端，用四条碳纤维布将方锥四爪交叉覆盖。（图 2-8-30、图 2-8-31）

4）根据接受腔壁厚的需要，继续在阳型上套数层纱套（图 2-8-32），下端扎紧在抽真空管第二个抽气孔下方。套上外层 PVA 薄膜套（图 2-8-33），下端扎紧在抽真空管第二个排气孔下方。

图 2-8-27　套内层 PVA 薄膜　　　　图 2-8-28　下端紧扎

图 2-8-29　套纱套　　　　图 2-8-30　正确放置四爪　　　图 2-8-31　加碳纤维布

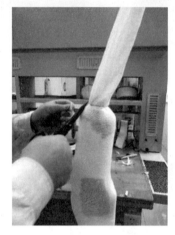 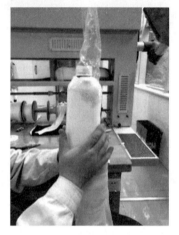

图 2-8-32　继续套纱套　　　　图 2-8-33　套上外层 PVA 薄膜套

（二）树脂抽真空成型

1）按树脂量的计算公式调配树脂，并按配比加入固化剂和颜色糊。

树脂总量（g）=层积材料的层数×石膏阳型的总长度（cm）×石膏阴型两端围长的平均数（cm）×4（常数）÷100（常数）

树脂∶固化剂∶颜色糊=100∶3∶2。

2）石膏阳型以 45°斜夹固定在抽真空工作台上。将配好的树脂搅拌均匀后，从外层 PVA 薄膜套上方的注入口注入，上口扎紧，暂不要打开真空泵（图 2-8-34、图 2-8-35）。

3）轻轻拍打树脂，尽量排出树脂中的气泡，然后用一段软管将树脂均匀地将树脂往口型部擀至多一半，打开真空泵，并将阳型恢复向上的原位。（图 2-8-36）

4）将擀树脂要均匀到位，通常树脂擀到稍超过接受腔口型部即可，不要超过阳型底部，以防树脂进入排气孔堵塞抽真空管损坏真空泵。

5）在树脂逐渐固化的过程中，如发现表面产生气泡，应及时地将气泡向下方擀掉，以确保接受腔表面的质量。

6）树脂在固化过程中可能会产生表面高温，为防止树脂聚爆，要及时地用冷却剂进行冷却降温。

7）在树脂固化的过程中，不得随意关闭真空泵，以防影响树脂的固化。同时要经常检查外层 PVA 薄膜套是否漏气。如果发现应及时堵漏。

图 2-8-34　倒入树脂

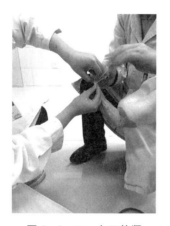

图 2-8-35　上口扎紧

图 2-8-36　捋擀树脂

（三）树脂接受腔的修磨

1）接受腔完全固化后，用震动锯将口型边缘多余的树脂切除掉（图 2-8-37），剥去外层的 PVA 薄膜套（图 2-8-38），再清除腔内的石膏。

2）从接受腔内腔取出泡沫内衬套，消除内壁的石膏污垢。（图 2-8-39）

3）按照阳型口型的边缘走向，修磨接受腔口型，将其边缘修磨圆滑。（图 2-8-40）

图 2-8-37　锯接受腔口型

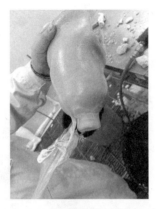
图 2-8-38　剥去外层的 PVA 薄膜

图 2-8-39　清除接受腔内石膏污垢

图 2-8-40　修磨接受腔口型

　　4）修剪接受腔泡沫内衬套口型边缘，其口型边缘的高度要比接受腔口型边缘高出 5～10mm，前侧缘要包住髌骨，其余三侧边缘要修磨圆滑。（图 2-8-41、图 2-8-42）

　　5）在接受腔的前侧和外侧，从髌韧带正中位向残端部画出接受腔中心线、初始屈曲角（5°）和初始内收角（5°）的对线基准线。

图 2-8-41　修剪泡沫内衬套口型边缘

图 2-8-42　修磨泡沫内衬套口型边缘

八、半成品组装与对线

1）根据假肢处方配置组件将假脚、踝关节、连接件及接受腔组装成半成品。（图2-8-43）

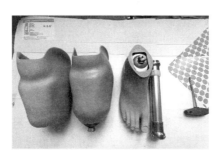

图 2-8-43 小腿假肢组件

2）将半成品放置在对线工作台上，后跟部垫上测量的鞋跟有效高度。

3）按照国家标准（GB 14722—2008）及制造商提供的产品说明进行对线。

（1）额状面对线（图2-8-44）：使承重基准线通过接受腔口型 MPT 中点、接受腔初始内收角为5°的基准线，通过踝关节中心，最后落到假脚第一足趾与第二足趾中央和后跟的中点。

（2）矢状面对线（图2-8-45）：使承重基准线通过接受腔口型 MPT 处前后径中点、接受腔初始屈曲角为5°的基准线，落到静踝假脚全长中心向后 10~15mm 处。

图 2-8-44 额状面对线

图 2-8-45 矢状面对线

九、半成品静态试样

1）给患者穿上经过工作台对线的假肢半成品。

2）在患者站立时，通过水平仪在骨盆水平的状态下检查假肢的高度，根据国家标准，假肢应与健肢等高，可允许假肢比健肢低 10mm 以内。

3）让患者以健肢支撑体重，假肢侧离开地面，用双手拉假肢，检查假肢在残肢上的悬吊性。

4）让患者以假肢侧承重支撑，检查残肢在接受腔内承重部位适应性和免压部位是否受压产生不适感。

5）检查患者坐位时两侧吊耳高度是否超过大腿部平面。

6）询问患者残肢屈曲90°时或90°以内时，接受腔后侧是否挤压两侧肌腱产生不适感。

十、半成品动态试样调整

1）患者穿上假肢，在确保安全的前提下，进行动态试样。

2）患者穿着假肢在平行双杠内进行双腿和单腿平衡站立，检查假肢站立的稳定性。

3）在患者有安全感的情况下，双手扶着双杠步行。假肢技师从前、侧和后三个方向观察患者步行，如发现有异常步态，属于假肢原因的，如接受腔不适配或工作台对线有不适感，应及时调整。

4）让患者在平行双杠内步行20分钟后，脱下假肢，检查残肢承重部位是否受压过大，免压部位是否有压伤，如有则应及时修整接受腔。

5）经反复试样、调整、修改后，再进行成品的装配和装饰。

十一、假肢成品装配和装饰

1）选择一只长度适合的小腿泡沫海绵套（图2-8-46），在中央钻孔，然后用打磨机在海绵套上端面磨出与接受腔下、中部相同围长的凹形窝槽。

2）将假脚拆掉，假肢穿过海绵套中心孔，连上假脚，上端与接受腔连接好。（图2-8-47）

3）用打磨机把海绵套按健侧小腿的投影图，磨出对称的腿形，表面要平整。（图2-8-48）

4）腿形磨好后，在外层先套上一只近似肤色的袜套，在接受腔髌韧带往下2cm处粘合一圈有弹性的胶带并同袜套粘合。

5）选用一只带有松紧的肤色丝袜套在假肢外表面，丝袜应平整，不得有皱褶和抽丝，成品制作完成。（图2-8-49）

图 2-8-46　小腿泡沫海绵套

图 2-8-47　假肢穿过海绵套中心孔

图 2-8-48　打磨海绵套

图 2-8-49　套肤色丝袜

第九章　塞姆假肢的制作

第一节　塞姆假肢概述

一、常见的足部截肢

足部的截肢常见的有利斯弗朗截肢、肖帕特截肢、彼罗果夫截肢和赛姆截肢。（图2-9-1）

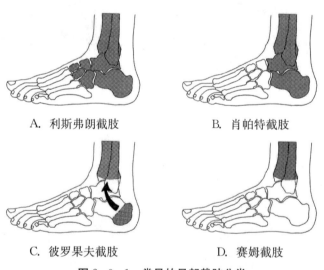

A. 利斯弗朗截肢　　　　　　　　B. 肖帕特截肢

C. 彼罗果夫截肢　　　　　　　　D. 赛姆截肢

图2-9-1　常见的足部截肢分类

二、赛姆假肢适用残肢

赛姆假肢适用的残肢常见的有彼罗果夫截肢术后的残肢和赛姆截肢术后的残肢。彼罗果夫截肢是在截肢手术时截去附骨，将跟骨从中部斜向截断，并翻转90°融合在内、外踝下端的截面上，保留足跟的足垫皮肤于承重处，因此残端具有较好的承重能力。这种残肢由于比健肢缩短了4cm左右，残端距地面空间较小，通常装配碳纤维脚板状足套式假脚。赛姆截肢术后的残肢，是胫腓骨远端踝上截肢。也就是将内、外踝的基底部关节面截肢后做圆滑处理，然后将的足跟皮瓣覆盖在残端，以获得较好的残肢末端承重能力。该残肢比健肢短了 7cm 左右，距地面间隙较大，通常可以安装静踝和动踝的假脚。

　　适用于安装赛姆假肢的残肢特点如下：①残肢失去了踝关节。②残肢的残端部位承重能力好。③截肢后，截肢比健肢有不同的缩短，可以安装不同的假脚。④残肢的末端都具有不同的球跟型，具有假肢的悬吊性能。

三、塞姆假肢的分类

　　由于赛姆截肢使其残肢具有不同的球跟型，因此在假肢接受腔的设计和装配时其原则是确保假肢有利于穿脱，有较好的悬吊性，外形美观。常见的结构形式有双层接受腔不开口式和开口式接受腔，开口式接受腔根据开口位置和方式可分为内侧开口式、外侧开口式、后侧打开式及结构接缝式。

第二节　赛姆假肢的制作

一、残肢和健肢的临床检查

（一）残肢的检查

　　残肢的检查内容包括：①残端底部的承重能力；②残端皮肤的状况；③残端的免压部位；④残肢膝关节的活动功能。

（二）健肢的检查

　　健肢的检查内容包括：①健肢支撑体重的能力；②健肢各关节的活动功能。

二、残肢和健肢的测量

（一）材料和工具准备

　　准备的材料和工具（图 2-9-2）包括登记表、标记笔、皮尺、卡尺、石膏绷带、石膏剪、美工刀等。

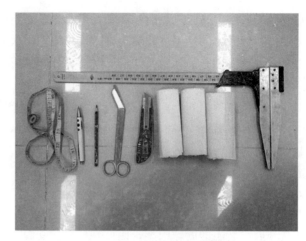

图 2-9-2　材料和工具准备

（二）残肢的测量

残肢的测量（图 2-9-3）：

1）患者取坐位，骨盆保持水平，在残端底部垫一块木板，调整高度适合后测量木板的厚度，即为残端距地面的距离。

2）在残端承重的状态下，测量残端内外径（M-L）的宽度和同等宽度下残肢前后径（A-P）的宽度，以及测量残肢 A-P 处距地面的距离。

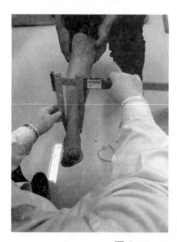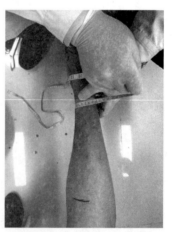

图 2-9-3　残肢的测量

（三）健肢的测量

健肢的测量（图 2-9-4）：

1）小腿膝关节间隙至地面的垂直高度。

2）小腿最粗部位至地面的高度。

3）踝上最细部位至地面的高度。

4）脚长。

5）鞋跟有效高度。

图 2-9-4　健肢的测量

三、取石膏阴型

（一）画出骨性标志

1）残肢上套上袜套，残端部要缝制成半圆弧形。袜套的上口在膝盖上用松紧带固定。

2）用记号笔画出有关骨性部位和免压部位的标志（图 2-9-5）。①胫骨内、外粗隆；②胫骨嵴；③胫骨小头；④胫骨内、外踝骨突出部；⑤残肢末端触痛的敏感部。

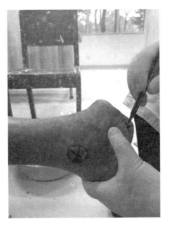

图 2-9-5　画标记

（二）取型

1）在残端的前侧或外侧固定一根石膏切开管。（图 2-9-6）

2）在残肢的末端至球跟部最大周长下的部分，用 4 层石膏绷带浸湿敷好，作为承重部位的加强。

3）用石膏绷带将残肢全部缠绕。（图2-9-7）

4）在患者残肢末端垫上测量使用的木板，使残肢承重时保持骨盆水平，不要使残肢旋转。

5）待石膏绷带硬化后，在额状面髌韧带正中位（MPT）中央及矢状面 MPT 前后径中点各画一垂直线，以此作为假肢组装时的基准线。

6）将垂直基准线的两端刻出标志以便其能翻印到石膏阳型上。

7）在阴型表面沿切开管方向画出切开缝，然后用美工刀沿切开缝切开阴型，从残肢上取下。（图2-9-8、图2-9-9）

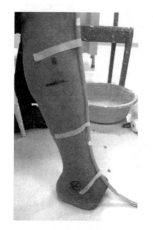

图2-9-6　放置石膏切开管

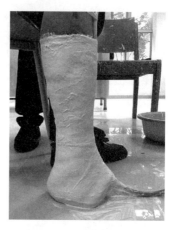

图2-9-7　缠绕石膏绷带

图2-9-8　切开阴型

图2-9-9　取下阴型

四、石膏阳型的灌注和修补

（一）石膏阳型的灌注

1）用石膏剪将阴型边缘修剪整齐。（图2-9-10）

2）将阴型开缝处对好，用石膏绷带封合牢固。

3）在阴型内腔壁涂刷脱模剂，放入沙箱内。

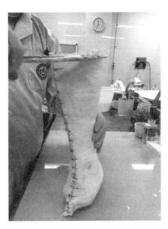

图2-9-10　修剪石膏边缘

4）将搅拌好的适量石膏浆灌注到阴型内。（图2-9-11）

5）在中央插入一根金属棒，此金属棒插入时要与阴型表面的垂直基准线平行。（图2-9-12）

图2-9-11　灌石膏浆

图2-9-12　插入金属棒

6）待石膏硬化后，将模型从沙箱内取出固定在工作台上，剥去外层的阴型石膏绷带。（图2-9-13）

7）将从阴型翻印过来的各种标志重新描绘清晰。（图2-9-14）

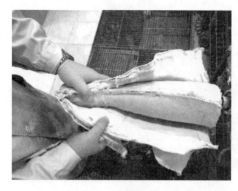

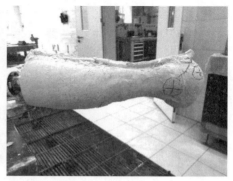

图 2-9-13　剥阴型石膏绷带　　　　　　　图 2-9-14　描绘阴型翻印标志

（二）石膏阳型的修补

1. 修补阳型（图 2-9-15）

1）按髌韧带承重小腿假肢（环带式、髁部夹持式）修型方法，先修胫骨嵴两侧，使截面成三角形，以防止接受腔与残肢间旋转错位。

2）小腿下端不要修削过多，以免影响残端球跟部进入接受腔。

2. 修补免压部位

1）对于免压或疼痛敏感部位及骨突部位要添补适量石膏浆，并修整圆滑。

2）在不去除标志的前提下，最后要将阳型表面修整光滑后干燥。（图 2-9-16）

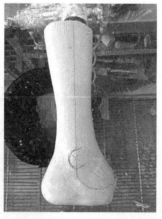

图 2-9-15　修补阳型

图 2-9-16　表面修整光滑

五、树脂接受腔的制作

（一）制作残端承重垫

1）剪一块厚 5mm 的 PE 泡沫板，形状为圆形，面积大于残端的球跟部。

2）将 PE 泡沫板放置在烘干箱内软化后，压在石膏阳型残端部成碗型。

3）用打磨机将碗型承重垫边缘修磨成斜面后，盖在残端上。

（二）做 PE 泡沫板内衬套

与制作小腿 PE 泡沫板内衬套方法相同，按残肢测量尺寸制作。再将踝上凹部补平，保证残肢通过接受腔穿到位。

（三）第一次树脂抽真空成型

1）套上一端为半圆弧形的封闭的内层 PVA 薄膜套，并把残端承重垫固定在薄膜套底部。检查 PVA 薄膜套的密闭性。（图 2-9-17）

2）套上 2~3 层纱套，其残端部缝制为半圆弧形，以确保残端平整。

3）在残端部的底部向上 6cm 处包一块碳纤维布，作为残端承重位部位的加强。（图 2-9-18）

4）套上 3~4 层纱套，下端扎紧在抽真空管上的第一个抽气孔下方。

5）套上一只上方有注入口的外层 PVA 薄膜套（图 2-9-19），下端扎紧在抽真空管第二个抽气孔的下方，检查 PVA 薄膜套密闭性。

6）按照树脂总量计算公式配置好树脂，搅拌均匀后注入外层 PVA 薄膜套内，扎紧上口，暂时不打开真空泵（图 2-9-20）。

7）将阳型调整成 45°倾斜，固定好。（图 2-9-21）

8）按前面捋擀树脂的方法，把树脂均匀地捋到阳型口型部位（图 2-9-22）。

9）树脂在固化过程中所产生的气泡要及时地捋掉，另外在固化过程中，如表面温度过高，应及时用冷却剂冷却。

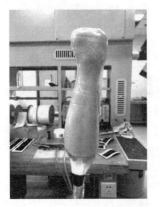 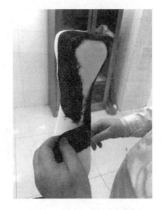

图 2-9-17 套内层 PVA 薄膜套   图 2-9-18 加碳纤维布

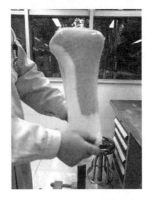 

图 2-9-19 套外层 PVA 薄膜套   图 2-9-20 注入树脂

图 2-9-21 45°倾斜固定   图 2-9-22 捋擀均匀

（四）修磨接受腔口型

1）接受腔树脂固化后，剥去外层 PVA 薄膜套，切除注入口和口型部位多余的树脂。（图 2-9-23）

2）清除接受腔内的石膏及污垢。（图 2-9-24）

3）用打磨机修磨接受腔口型边缘，其口型边缘的高度通常比环带式（PTB）小腿假肢接受腔口型稍低一些。（图2-9-25）

图2-9-23 切接受腔口型

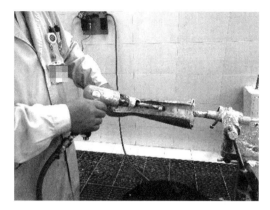
图2-9-24 清除接受腔内的石膏及污垢

图2-9-25 修磨接受腔口型边缘

六、半成品组装和工作台对线

（一）半成品组装（图2-9-26）

1）针对赛姆假肢，通常用树脂将专用静踝软跟假脚的木芯与树脂接受腔残端部进行连接粘合。

2）用打磨机钢刺头在假脚木芯中央按接受腔底部形状磨成凹形的圆坑，其深度根据测量图纸中的小腿高度决定。

3）用树脂拌木屑后连接粘合。粘合时应在工作台进行对线，并初步调整好初始屈曲角和初始内收角。

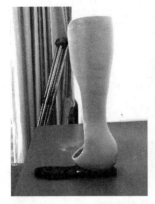

图 2-9-26　半成品组装

（二）半成品工作台对线

1）赛姆假肢的残肢较长，接受腔的初始角度通常应设在 0°～5°的中间位。

2）额状面对线：接受腔 MPT 中央垂线一般可以通过假肢的后跟至第一足趾与第二足趾之间，使假脚外旋 5°。

3）矢状面对线：应使经过接受腔 MPT 前后径中点的垂线通过脚跟的中央。

（三）半成品静态试样（图 2-9-27）

1）将残端承重垫放置在接受腔内残端部。

2）让患者残肢穿上残肢套后穿上半成品假肢，将内侧窗口盖板用尼龙搭扣带固定在窗口上。

3）让患者双脚平衡站立，用水平仪检查骨盆，检查假肢的高度。

4）检查残肢在接受腔内的适配性和承重部位的适应性。

5）让患者将穿假肢的腿抬起，检查假肢的悬吊性能。

6）检查假肢的额状面、矢状面对线角度的适合性。

图 2-9-27　半成品静态试样

（四）半成品动态试样调整

1）让患者穿着假肢在平行双杠内行走，从前、侧、后三个方向观察其步态情况。

2）经过适当时间的行走后，让患者脱下假肢，检查残端承重部位有无不适或异常的变化；检查残肢其他部位的皮肤有无因受压而变色，免压部位是否有损伤。

七、成品的制作

（一）准备工作

1）将经过动态试样调整的假肢半成品，在接受腔与假脚连接处粘合牢固，并将粘合部修磨平整。同时将树脂接受腔表面用砂纸打毛糙，有利于接受腔表面与二次抽真空树脂之间的粘接。（图 2-9-28）

图 2-9-28　修磨粘合部

2）将静踝假脚的橡胶或聚氨酯部分用透明胶带覆盖起来，起到与树脂分离的作用。

3）在接受腔内壁涂刷脱模剂，用石膏绷带封闭好窗口。（图 2-9-29）

4）搅拌好适量的石膏浆，注入接受腔内，插入金属棒。

5）待石膏硬化后，拆除接受腔窗口封闭的石膏绷带；并修削窗口边缘的石膏，使边缘稍低于接受腔壁的边缘 1mm。

6）在接受腔残端部与假脚的粘接处和接受腔窗口的边缘包裹两层碳纤维布，加强连接部。

图 2-9-29　石膏绷带封窗口

（二）第二次抽真空成型

1）烫焊一只 PVA 薄膜套，长度要超出假脚的脚尖处。

2）连假脚一起套两层纱套，其转接处要位于假脚的脚底部位。

3）套上 PVA 薄膜套，其树脂注入口应位于脚尖部，下端应扎紧在抽真空管的下方，要仔细检查 PVA 薄膜套的密闭性。

4）调配适量的树脂，搅拌均匀后注入 PVA 薄膜套内，扎紧上口。

5）按树脂的使用技术要求，开启真空泵，将树脂均匀地从脚尖部捋到接受腔口型处。假脚的脚底部尽量不留或少留树脂。（图 2-9-30）

6）待树脂完全固化后，关闭真空泵，剥去 PVA 薄膜套，用震动锯切出接受腔口型和内侧窗口。（图 2-9-31）

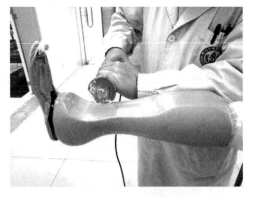

图 2-9-30　捋擀树脂均匀　　　　图 2-9-31　切出接受腔口型

7）去除接受腔内的石膏和污垢。

8）修磨接受腔口型和窗口边缘，要修磨圆滑。（图 2-9-32）

9）用刀削除假脚橡胶部位的树脂层，使橡胶部位与木芯的连接缝处平整。

10）在接受腔窗口的正面安装两条尼龙搭扣带，即成假肢成品。（图 2-9-33、图 2-9-34）

图 2-9-32　修磨接受腔口型和窗口边缘　　图 2-9-33　安装尼龙搭扣带

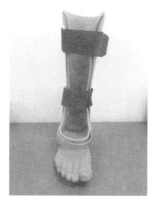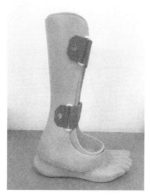

图 2-9-34　假肢成品

第三篇

上肢假肢的制作

第十章　上肢假肢概述

人体的上肢是人从事日常生活、工作和运动的重要器官，它的功能十分复杂，动作极其灵巧，感觉十分敏锐。有人称人的双手是人的体外大脑，也可以说，人的双手是作为万物之灵而存在的，它既是拿取物品的工具，又能表现感情、情绪和表达意志。上肢假肢是用于替代整体或部分人体上肢功能的特殊器具。在假肢技术领域中截肢者安装了上肢假肢，经过努力，可以从功能上代替人手，同时起到装饰美容作用，让截肢者可以恢复一定限度的生活自理和工作、活动能力。

一、上肢截肢的分类

（一）前臂截肢

根据前臂不同的截肢平面，前臂截肢后的残肢可分为：极短残肢（长度短于前臂全长的35％）、短残肢（长度为前臂全长的35％～55％）、长残肢（长度为前臂全长的55％以上）。前臂中下1/3截肢时，前臂的旋转运动、肘关节的屈伸运动和力量都能基本保留，且残肢越长，杠杆作用越大，保留的残肢肌肉可获得良好的肌电信号，对于装配肌电假肢非常有利。

（二）腕关节离断

腕关节离断的残肢相对较长，且远端膨大，有利于保持假肢的悬吊性和稳固性。

（三）部分手截肢

部分手截肢包括截指和截手。残指的长度决定其控物和夹物的能力。

（四）上臂截肢

上臂截肢为从肩峰以下至肘关节以上部位的截肢。上臂假肢的功能取决于残肢杠杆力臂长度、肌力和肩关节的运动范围。上臂长残肢更有利于悬吊和控制假肢。

（五）肘关节离断

肘关节离断是较理想的截肢部位，该情况下肱骨外髁部突出，有利于假肢的悬吊及旋转控制。

（六）肩关节周围截肢

肩关节周围截肢即肩部截肢，包括肩关节离断和肩胛带截肢，肩胛带截肢患者的肩胛骨、锁骨及附着其上的肌肉都被截除。由于假肢接受腔的支撑点均被破坏，肩关节周围截肢患者佩戴假肢相当困难。

（七）上肢截肢部位

上肢截肢部位见图 3-10-1。

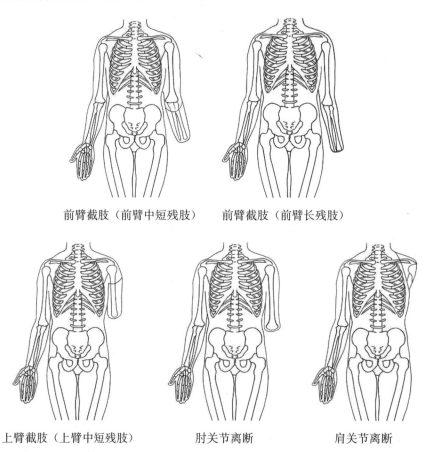

前臂截肢（前臂中短残肢）　　前臂截肢（前臂长残肢）

上臂截肢（上臂中短残肢）　　肘关节离断　　肩关节离断

图 3-10-1　上肢截肢部位

二、上肢假肢的分类

（一）按上肢截肢部位分类

按上肢截肢部位，上肢假肢可以分为：①部分手假肢（partial hand prosthesis，PH，图 3-10-2）；②腕关节离断假肢（through wrist，TW）；③前臂截肢假肢

（below－elbow prothesis，BE，图 3－10－3）；④肘关节离断假肢（through elbow prothesis，TE）；⑤上臂假肢（elbow prothesis，AE，图 3－10－4）；⑥肩关节周围截肢假肢（through shoulder，TS）。

图 3－10－2　电动假手

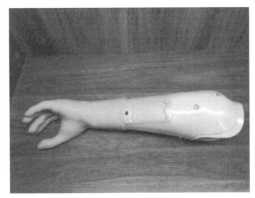

图 3－10－3　前臂肌电假肢

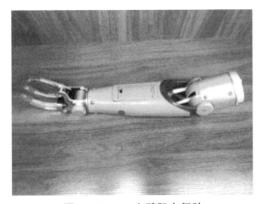

图 3－10－4　上臂肌电假肢

（二）按装配目的分类

按装配目的分类可分为：①装饰性假肢，如美容假手（图 3－10－5、图 3－10－6）；②机械牵引式功能假肢（图 3－10－7）；③作业用假肢（工具手）。

图 3－10－5　美容假手（机械手架）

图 3－10－6　美容假手（配美容手套）

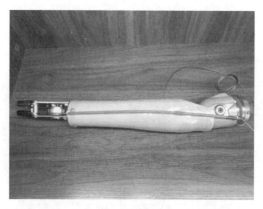

图 3-10-7　机械牵引式功能假肢

（三）按上肢假肢力源分类

按上肢假肢力源分类可分为：①自身力源（体内力源）假肢（索控）；②体外力源假肢（肌电控制、电动开关控制、气动控制）；③混合力源假肢。

（四）按结构形式分类

按结构形式分类可分为：①壳式假肢，壳式假肢组件见图 3-10-8；②骨骼式（现代式）假肢（图 3-10-9）。

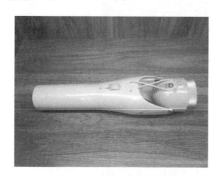

图 3-10-8　壳式假肢组件

图 3-10-9　骨骼式（现代式）假肢

三、上肢假肢的控制方式和悬吊系统

（一）上肢假肢的控制方式

上肢假肢的控制方式包括：

1）肌电控制假肢：通过患者残肢表面肌电信号控制的电动假肢。

2）开关控制假肢：患者用残肢碰触按键开关控制的电动假肢。

3）语音控制假肢：患者用语音信号控制的电动假肢。

4）索控假肢：患者用自身力源控制的机械假肢。

（二）上肢假肢的悬吊系统

上肢假肢通常使用以下两种悬吊系统进行悬吊：

1）利用残肢的解剖形态制作的假肢接受腔悬吊系统。

2）上肢假肢背带悬吊系统，上肢假肢一般采用"8"字形和"9"字形背带悬吊系统。

第十一章　前臂肌电假肢的制作

一、上肢肌电假肢概述

(一) 肌电假肢概述

肌电假肢又称肌电控制人造假肢，国外从 20 世纪 60 年代开始研制肌电假肢并逐步地应用于临床。20 世纪 60 年代中期，我国的科研单位及大专院校及有关假肢生产单位共同协作研制开发肌电假肢。到 20 世纪 70 年代初期，我国肌电假肢进入临床试用，并逐步达到了实用化。

肌电假肢属于体外力源控制假肢。它是为了克服机械牵引假肢用牵引索操纵不便且安装困难，借鉴高科技成果，特别是电子技术和人体仿生学成果制造而成的。在上肢肌电假肢中，前臂肌电假肢效果最好。本章将重点介绍前臂肌电假肢的制作工艺。

(二) 前臂肌电假肢的控制原理

前臂肌电假肢是通过残肢尺骨和桡骨两侧肌群的肌电信号控制的电动假肢，即由患者的大脑意识，通过神经传导，在残肢表面产生肌电信号，肌电电极采集肌电信号经放大处理控制假肢内的电机正向或反向转动，驱动机械减速装置，完成假手的张开或闭合动作。其控制原理如图 3-11-1 所示。

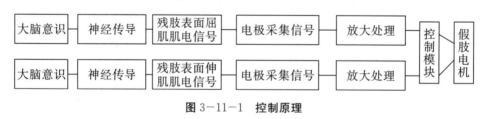

图 3-11-1　控制原理

二、前臂肌电假肢装配流程

(一) 测量肌电信号确定电极位置

测量肌电信号 (图 3-11-2)，确定电极位置并做标记 (图 3-11-3)。

图 3-11-2　测量肌电信号

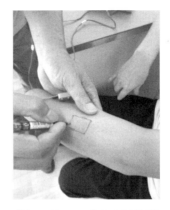

图 3-11-3　确定电极位置

（二）肌电信号测量及训练

需要在前臂安装肌电假肢者，残肢表面必须具有一定大小的肌电信号（由大脑意识控制残肢肌肉兴奋产生），要求屈、伸两块肌肉产生的肌电信号应尽量大，相互干扰要尽量小。

1）将残肢表面用湿毛巾擦拭干净，将两块电极用松紧带固定在屈、伸肌肉表面的相应位置，肌肉先处于放松状态，接上肌电测试仪。（图 3-11-4）

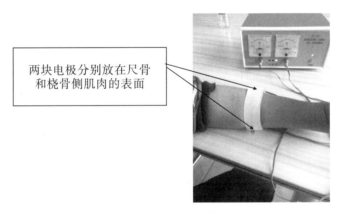

两块电极分别放在尺骨和桡骨侧肌肉的表面

图 3-11-4　肌电训练

2）测试训练方法。开启肌电测试仪电源，嘱患者做伸或屈的动作，观察仪器表头（或电脑显示器）上显示的数值，判断是否有肌电信号，信号是否达到控制肌电假肢的水平，信号是否相互干扰。测量时可调整两块电极的位置，也可微调电极的放大倍数，使信号显示的数值尽量大，且两个肌电信号的相互干扰尽量小。

注意：在做每一个动作前，一定要让肌肉处于放松状态，在做动作时应遵循由弱到强、由慢到快的原则。

3）检查残肢表面及残端疼痛点和免压部位，做上标记。

（三）残肢的测量

残肢的测量包括：

1）残肢长度（图 3-11-5）：肱骨外上髁至残肢末端的距离。

2）残肢屈曲 90°时肘关节下缘的围长。

3）残肢肘关节上缘围长。

4）残肢中段围长（图 3-11-6）。

5）残肢末端围长。

　　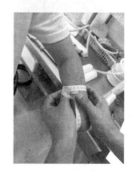

图 3-11-5　残肢长度测量　　　　　　图 3-11-6　残肢中段围长测量

（四）健肢的测量

健肢的测量包括：

1）肱骨内上髁至拇指端的长度（图 3-11-7）。

2）前臂中段围长。

3）尺、桡骨茎突上缘的围长。

4）肘关节上缘围长。

图 3-11-7　测量肱骨内上髁至拇指端的长度

三、前臂石膏阴型的制作

1）在残肢上套上一只纱套或用保鲜膜包裹，若使用纱套，纱套上口要用吊带固定。

2）在残肢用笔画出尺骨鹰嘴、电极标记位置及口型边缘走向等。（图 3-11-8）

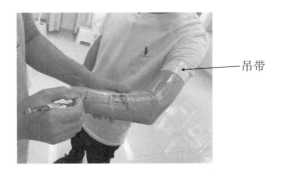

　　　　吊带

图 3-11-8　画标记

3）让残肢肘关节屈曲 60°～70°，并使前臂保持在中立位（桡骨位于尺骨上方，似拇指向上的方向）。

4）准备 4 层厚的石膏绷带条，长度比残肢肘关节处围长稍长一些，并修剪成双峰状。

5）用普通的石膏绷带浸湿后在残肢上方从肘关节上 8cm 左右开始向下缠绕 3～4 层后，再将双峰状绷带包绕在肘关节肱骨内外髁处。

6）用 2～3 层石膏绷带缠绕全部残肢，并用双手将表面石膏浆抹匀。（图 3-11-9）

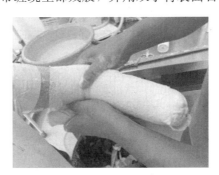

图 3-11-9　缠绕石膏绷带

7）取型。

（1）一只手四指指端按压残肢肘关节后侧的鹰嘴上缘，拇指按压肱骨髁上缘，另一只手的食指和中指压在前侧肱二头肌的两侧。在石膏绷带未完全硬化前，将前面的一手移到残端处，拇指、食指和中指成钳状向尺骨和桡骨之间施压，使残端形成"8"字形，以防止残端在接受腔内旋转。（图 3-11-10）

（2）用双手的拇指及其他四指按压肱骨内外髁上缘和前侧，使口型形成可靠的悬吊形状。（图 3-11-11）

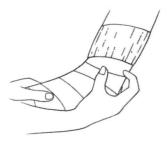 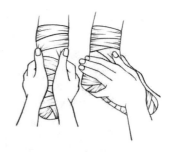

图 3-11-10　取型手法一　　　　3-11-11　取型手法二

（3）待石膏绷带完全硬化后，用石膏剪将石膏阴型前面封闭口型中间纵向剪开一些，以便将石膏阴型从残肢上取下。（图 3-11-12）

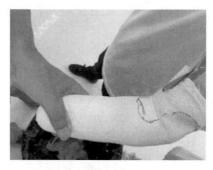

图 3-11-12　剪开石膏绷带封闭口型，取下石膏阴型

（4）从石膏绷带封闭口型剪开处开始，按口型轮廓线修剪出接受腔口型。将阴型内壁的电极位置标记翻印到阴型的外面，然后按电极形状和大小在电极位置开孔（图 3-11-13）。残端部位修剪出牵引孔（图 3-11-14）。

图 3-11-13　在电极位置开孔　　　图 3-11-14　残端修剪牵引孔

8）试石膏阴型（图 3-11-15）。

（1）将残肢穿纱套通过牵引孔穿入石膏阴型，检查残肢与阴型的适配情况。

（2）检查口型部位的悬吊性能。

（3）检查残肢在屈曲时，肘部口型是否妨碍关节的运动。

（4）检查残肢在接受腔内是否有旋转移位的现象及松动。

（5）通过阴型的电极孔，检查残肢上的电极位置标记是否位于阴型电极孔中。

（6）石膏阴型试穿完成后，用石膏绷带条加厚口型的边缘，封闭电极孔及残端部牵引孔。将石膏阴型置于烘干箱内干燥。

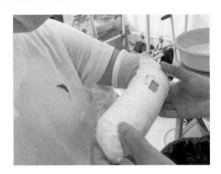

图 3-11-15　试石膏阴型

四、前臂石膏阳型的制作

（一）灌制石膏阳型

1）阴型围好口型部裙边后（图 3-11-16），埋放在沙箱内，向阴型内灌石膏浆，中间插入金属管（图 3-11-17）。

图 3-11-16　围好口型部裙边　　　　图 3-11-17　向阴型内灌石膏浆

2）石膏硬化后，剥去外层石膏绷带。在阳型表面重新描画有关标记，特别是电极位置和免压部位。（图 3-11-18）

图 3—11—18　在阳型表面重新描画有关标记

（二）修整石膏阳型

1）在不遗失各种标记的前提下（在电极位置随时做标记），按测量的有关尺寸修磨阳型，重点修整口型、电极部位（应适当修低，以保证电极与残肢皮肤紧密接触）。初步将阳型表面修磨平整、光滑。（图 3—11—19～图 3—11—21）

图 3—11—19　测量长度

图 3—11—20　测量围长

图 3—11—21　阳型表面修磨

2）用石膏添补尺骨鹰嘴、肱骨内外上髁及残肢的免压部位。

3）待石膏硬化后，将添补部位修磨圆滑，最后用砂纸将石膏阳型表面修磨光滑。

4）在电极位中心用小钉准确定位，将石膏阳型放置在烘干箱内干燥。

五、树脂接受腔的制作

前臂肌电假肢接受腔通常是软、硬树脂混合型腔体。接受腔的口型部，特别是肱骨内外踝部位为软树脂，以利于假肢的穿脱及保证悬吊部位的弹性和舒适性；其他部位均为硬树脂。

（一）石膏阳型的准备

在石膏阳型口型边缘部位内外侧及后侧尺骨鹰嘴的凹陷部位各钻一个直径 3mm 的通气孔并用纱条堵好，以确保抽真空成型时树脂在凹陷部服帖。

（二）抽真空成型

1）在石膏阳型上套上一只内层 PVA 薄膜套，其残端部应熨焊成半圆弧形以与残端形状吻合。然后打开真空泵检查 PVA 薄膜套的密闭性。（图 3-11-22）

2）将两块电极模块准确地固定在阳型电极标记位置上。

3）在石膏阳型上先套 1 层涤纶毡，再套 2 层纱套，然后在电极模块上放置一层碳纤维布做加固处理。（图 3-11-23）

图 3-11-22　在石膏阳型上套内层 PVA
薄膜套，检查密闭性

图 3-11-23　放置电极模块

4）在前侧口型的下方和后侧尺骨鹰嘴的下方各放置 2 只齿形金属垫片。（图 3-11-24、图 3-11-25）

图 3-11-24　齿形金属垫片

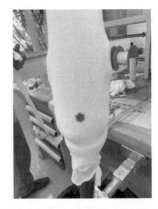

图 3-11-25　放置齿形金属垫片

5）在石膏阳型上再套 2 层纱套，然后套上有注入口的外层 PVA 薄膜套，并检查其密闭性。（图 3-11-26）

6）配置适量的硬树脂，加入颜色糊和固化剂搅拌均匀后注入 PVA 薄膜套内，并适时地将树脂擀到前后金属垫片的上缘为止。在阳型残端部位扎紧 PVA 薄膜套，将多余树脂留在注入口部位，防止硬树脂浸到口型区域。（图 3-11-27）

图 3-11-26　套外层 PVA 薄膜
套，检查密闭性

图 3-11-27　注入硬树脂

7）待树脂完全固化后，剥去 PVA 薄膜套，用砂纸将树脂表面打毛糙。

8）在硬树脂表面再套 2~3 层纱套，再套上一只 PVA 薄膜套。

9）配置适量的软、硬树脂（软、硬树脂比例为 4：1），加入颜色糊和固化剂后搅拌均匀，注入 PVA 薄膜套内。

10）将软树脂及时地擀到口型区域，在口型凹陷部位用手指挤压树脂，使之充分地渗透到纱套中。

11）在树脂固化过程中将树脂表面的气泡擀掉，以确保接受腔表面的光洁度。

12）待软树脂完全固化后，切除残端多余树脂块，剥去 PVA 薄膜套，消除接受腔内的石膏和污垢。

13）用打磨机修磨接受腔口型边缘。（图 3-11-28）

14）在接受腔前后侧金属片中央钻孔（图3-11-29），攻M4螺纹，取出电极的模块，修磨出电极装配窗。

图3-11-28　修磨接受腔口型边缘　　图3-11-29　金属片中央钻孔

（三）树脂接受腔的适配检查

1）将修磨好的树脂接受腔穿戴在残肢上。

2）让残肢处于伸肘位，检查接受腔口型部位悬吊性能。

3）检查残肢在接受腔内是否有明显的窜动，残端部位有无旋转现象。

4）将肌电电极用松紧带固定在接受腔电极窗处（图3-11-30），使电极块与残肢皮肤良好接触，然后将电导线与肌电测试仪或肌电假手连接，让残肢做伸屈运动，检查肌电信号对前臂肌电假肢的控制功能。（图3-11-31、图3-11-32）

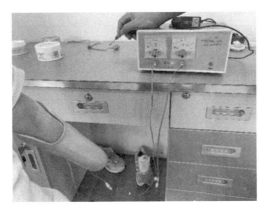

图3-11-30　安装肌电电极　　图3-11-31　检查肌电信号

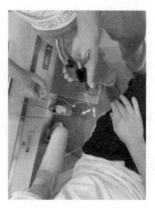

图 3-11-32　连接肌电假手测试

六、前臂筒的制作

（一）制作前臂筒石膏型

1）将适配检查好的树脂接受腔的电极装配窗用石膏绷带封闭好，并用橡皮泥将四个螺纹孔堵住，以免树脂渗入；然后在接受腔内壁涂刷分离剂。

2）搅拌适量的石膏浆，灌注在接受腔内，插入金属棒，待石膏硬化。

3）将接受腔固定在工作台上，在接受腔两侧电极位置用石膏固定两块电极模块。（图 3-11-33）

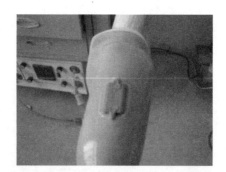

图 3-11-33　用石膏固定两块电极模块

4）在接受腔前臂内侧距前臂腕部大于 5cm 的位置放置 1 块电池盒模块，仅模块紧贴接受腔外壁，用石膏固定。（图 3-11-34）

图 3-11-34　放置电池盒模块

5）在接受腔口型内侧边缘和后侧鹰嘴的下方用一条厚 0.5cm、宽度 1cm 的聚乙烯泡沫条围一圈，作为前臂筒的封边。

6）在接受腔的表面（包括电极模块和电池盒模块表面）刷一层分离剂。

7）用一块厚 1.0～1.5mm，长度为健侧肘关节尺骨鹰嘴至尺骨茎突的聚乙烯泡沫板围成一个圆锥形长筒。

8）圆筒腕部侧的直径应大于腕部连接件的直径，同时泡沫板的接缝应用胶带牢固地固定，以防注入的石膏泄漏。

9）注意对线，圆筒的纵轴线应与接受腔的中轴线保持一致。（图 3-11-35）

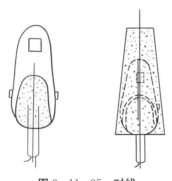

图 3-11-35　对线

10）搅拌适量的石膏浆，注入圆筒内，待石膏硬化后，拆除聚乙烯泡沫板圆筒。

11）按健肢前臂的形状和有关测量尺寸修磨石膏外形，外形要美观，且与健肢互相对称。

12）电极模块和电池盒模块边缘要修磨圆滑。（图 3-11-36）

图 3-11-36　电极模块和电池盒模块边缘修磨圆滑

13）根据前臂的长度，将腕关节连接件模块固定在石膏模型的腕部并用胶带加固，再将石膏模型放置在烘干箱内干燥。

用硬发泡剂制作前臂筒阳型临床也较常使用。其制作方法与用石膏制作前臂筒阳型基本相同，此处不再赘述。

（二）制作树脂前臂筒

1）将烘干后的石膏阳型固定在抽真空工作台上，用砂纸将表面打磨光滑。

2）套上一只内层 PVA 薄膜套，下口扎紧，并开启真空泵检查密闭性。

3）套 4 层纱套，再套上有注入口的外层 PVA 薄膜套，同样开启真空泵检查密闭性。（图 3-11-37）

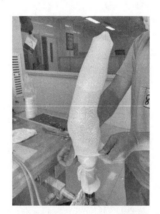

图 3-11-37　套纱套和有注入口的外层 PVA 薄膜套

4）配置适量的硬树脂，加入颜色糊和固化剂后，缓慢注入外层 PVA 薄膜套内。

5）待树脂完全固化后，先切除腕部多余的树脂块，然后剥除 PVA 薄膜套，取出腕关节连接件模块。

6）清除接受腔内的石膏及内壁的石膏迹。

7）在不移动接受腔和树脂前臂筒的情况下，用烧红的钢针尖，从接受腔口型部四只螺钉孔的位置，将接受腔和前臂筒烫通。

8）取出接受腔，清除树脂前臂筒内的石膏。

9）将树脂前臂筒的口型边缘修磨圆滑。

10）取下电极和电池盒模块，按其边缘开好电池盒的窗口，然后将电池盒用树脂固定在窗口的槽内。

11）按前臂测量的长度，截去树脂前臂筒腕部多余的部分，钻好与假肢腕关节固定连接的螺钉孔。

12）在电极位置中心钻好电极调整孔。

七、成品的组装

1）将电极安装在内接受腔电极槽内，然后把接受腔插入树脂前臂筒内，检查电极调试旋钮是否对准前臂筒的调试孔。（图 3-11-38）

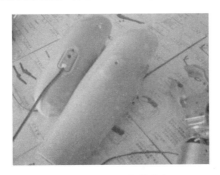

图 3-11-38　安装电极

2）用 4 只 M4 螺钉将内接受腔和前臂筒连接固定。

3）连接好电极与假手（图 3-11-39），在前臂筒腕部钻 4 个孔，用 4 只 M3 螺钉将假手和前臂筒连接（图 3-11-40），连接电池组合件、导线插头和插座（图 3-11-41）。

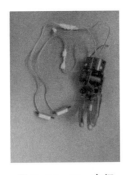 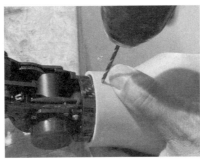 

图 3-11-39　电极　　　　图 3-11-40　连接前臂筒与假手　　　图 3-11-41　电池
　　与假手　　　　　　　　　　　　　　　　　　　　　　　　　　组合件

4）用配套螺钉固定假肢连接件，装上电池，操作者用手指触碰电极触点，将假肢手指张开 3cm 左右。打开电源开关，戴上假肢后闭合手指，关闭电源，即完成单自由度前臂肌电假肢。（图 3-11-42、图 3-11-43）

图 3-11-42　佩戴使用　　　图 3-11-43　前臂肌电假肢成品

八、假肢使用和保养注意事项

1）穿戴假肢时，残肢肘关节应屈曲，前臂处于中立位，使残肢的软组织全部容纳到接受腔内，将前臂的屈伸肌群上肌电信号最佳位置对准电极。

2）皮肤干燥时，多用热毛巾或酒精棉球湿润皮肤，以确保皮肤与电极良好接触。通过适当调整电极放大器的灵敏度，可提高肌电控制假肢的灵敏度，方便患者使用。

3）电池充电时间不能超过规定的时间，以免损伤电池，缩短电池寿命。

4）应防止假肢受到挤压、碰撞及跌落损坏，影响假肢使用。

5）保持接受腔内壁的清洁，每次使用后应用酒精棉球将接受腔内壁擦干净。

第十二章　上臂假肢的制作

上臂假肢用于上臂残肢长度保留 $50\%\sim80\%$（肩峰下 $16\sim24$cm）的截肢。这种截肢保留了肩关节和上臂残肢，而肘关节和前臂的功能全部丧失。上臂截肢者通常可以安装索控机械假肢、开关控制的电动假肢、肌电信号控制假肢和装饰性（美容）假肢。本章主要介绍上臂索控机械假肢的制作工艺。

一、残肢和健肢的临床检查

（一）残肢的检查

残肢的检查内容包括：①残肢皮肤和软组织的完好性；②残肢压痛点及骨突位置；③残肢肩关节和肌肉的运动功能。

（二）健肢的检查

健肢的检查内容包括：①健肢关节的活动动能和肌肉的运动功能；②健肢侧手的功能。

二、残肢和健肢的测量

（一）残肢的测量

残肢测量的内容包括：
1）残肢长度（图 3-12-1）：肩峰至残端长度。
2）腋下至残端长度。
3）腋下水平围长。
4）残肢中段水平围长（图 3-12-2）。
5）残肢末端水平围长。

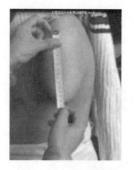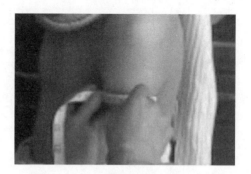

图 3-12-1　残肢长度测量　　　　图 3-12-2　残肢中段水平围长测量

（二）健肢的测量

健肢测量的内容包括：

1）肩峰至拇指指端长度（图 3-12-3）。

2）腋下至肘关节（肱骨内上髁）长度。

3）肘关节（肱骨内上髁）至拇指指端长度（图 3-12-4）。

4）腋下水平围长。

5）肘关节上水平围长。

6）肘关节下水平围长。

7）腕关节水平围长。

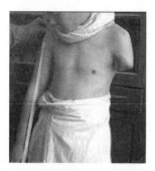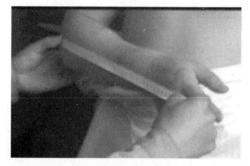

图 3-12-3　健肢肩峰至拇指指端长度测量　　　图 3-12-4　健肢肱骨内上髁至拇指指端长度测量

三、石膏阴型的制作

（一）取型

1）套袜套（图 3-12-5）。将按残肢长度缝制的袜套套在残肢上，事先要将袜套接触腋下部位剪开适当长度，以便袜套向上能套住肩部并保护腋毛。

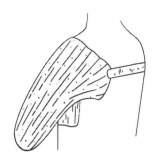

图 3-12-5　将袜套套在残肢上

2）做标记（图 3-12-6、图 3-12-7）。用记号笔在肩峰、骨突部位和压痛点，以及控制开关（或电极）位置做标记。

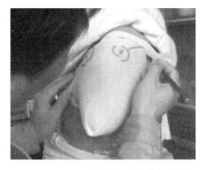

图 3-12-6　在肩峰、骨突部位和
压痛点做标记

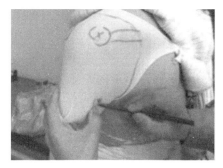

图 3-12-7　在控制开关（或电极）
位置做标记

3）缠石膏绷带。先用一条 2~3 层的石膏绷带浸湿后，将残端包裹（图 3-12-8）。再用一条 2~3 层的石膏绷带浸湿后，从腋下绕过残端向上缠绕至肩峰上 6~8cm，纵向包住残肢（图 3-12-9）。

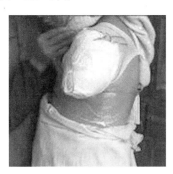

图 3-12-8　残端包裹石膏绷带

图 3-12-9　从肩部向下绕过
残端向上包裹

4）用一条 2~3 层的石膏绷带由胸前覆盖肩峰，再到背侧肩胛部位，以增强石膏阴型接受腔口型部位的强度。（图 3-12-10）

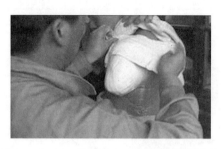

图 3-12-10　肩部用 2~3 层石膏绷带覆盖

5）用石膏绷带从肩峰开始向残肢末端缠绕，通常缠绕 2 层即可。

（二）取型手法

1）当患者为左上臂截肢时，假肢制作师左手四指并齐置于腋下，左手拇指的指尖轻压肱骨头前侧下部，右手的拇指按压锁骨下肱骨头内侧上部，右手食指的指腹放在肩胛冈与锁骨中间，从肩的上部向下按压肩，右手 3~5 指的指腹按压肩胛骨的后面。用双手的手掌按压残肢的前内侧和后前侧，以防残肢形成外展。（图 3-12-11）

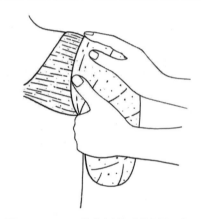

图 3-12-11　前内侧和后前侧取型手法

2）将一块厚 10mm 的平板夹在残肢侧腋下，利用残肢与夹板的压力使内侧成型。（图 3-12-12）

3）待石膏绷带硬化后，在矢状面画出肩峰至残肢末端的基准线，并以此为基础画出残肢屈曲 5°~10°的对线标记线（图 3-12-13）。

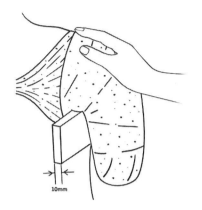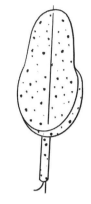

图 3-12-12　内侧取型方法　　　图 3-12-13　画对线标记线

4）画出接受腔口型的边缘轮廓线（图 3-12-14），将石膏阴型从残肢取下，然后按轮廓线修剪出石膏接受腔的口型（图 3-12-15）。

图 3-12-14　画接受腔口型　　　图 3-12-15　修出石膏
　　　　的边缘轮廓线　　　　　　　　接受腔的口型

（三）试穿石膏阴型

1）先在石膏阴型口型的肩峰部剪 1cm 左右长的缝。

2）将石膏阴型穿在残肢上，检查接受腔的适配情况。（图 3-12-16）

3）让残肢做前屈、后伸运动，检查接受腔口型是否服帖。

4）让残肢做外展运动，检查肩峰部是否受阻；再做内收运动时，检查肩峰部开缝的变化及接受腔的悬吊性能。

图 3-12-16　检查石膏阴型适配情况

四、石膏阳型的制作

（一）石膏阳型的灌注

1）用石膏绷带在石膏阴型接受腔的口型部做出 5～8cm 高的裙边，待石膏绷带硬化后修剪裙边。（图 3-12-17、图 3-12-18）

图 3-12-17　用石膏绷带做裙边

图 3-12-18　修剪裙边

2）在石膏接受腔内壁涂抹分离剂（凡士林）后固定在沙箱内。

3）搅拌适量的石膏浆注入石膏阴型内并插入金属棒。金属棒与矢状面的基准线应在同一平面。（图 3-12-19、图 3-12-20）

图 3-12-19　石膏浆注入石膏阴型内

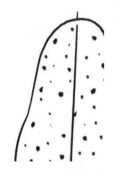

图 3-12-20　插入金属棒

（二）石膏阳型的修整

1）添补石膏，用彩色石膏添补锁骨、肩胛骨和肩峰的骨突部位及免压部位。（图3-12-21）

2）用石膏挫修磨锁骨下方和肩胛骨背侧的压力面，然后将添补石膏的部位修磨圆滑。（图3-12-22）

3）修磨腋下口型的翻边，通常深度为一食指左右。

4）将阳型的表面修磨平整，并用砂纸打磨光滑。

图3-12-21　添补石膏　　　　图3-12-22　将添补石膏的部位修磨圆滑

5）在阳型额状面和矢状面的基准线两端画定位标记，使之能有效地翻印到树脂接受腔的内壁上。

6）将修整好石膏阳型放置在烘干箱内烘干。

五、树脂接受腔及上臂筒的制作

（一）树脂接受腔的制作

1）先在石膏阳型表面抹上适量的滑石粉，然后套上内层PVA薄膜套（末端熨焊成半圆弧形），临时扎紧薄膜套下口，开启真空泵检查密闭性。（图3-12-23）

2）在石膏阳型上套上一层涤纶毡，保持残端部位平整，再套2层纱套，下端扎紧在抽真空管上。（图3-12-24）

图3-12-23　套内层PVA薄膜套　　　图3-12-24　套涤纶毡和纱套

3) 在肩峰处口型下方 4~5cm 和腋下口型边缘下 2~3cm 的适当位置各放置 2 片齿形金属垫片，然后再套 2 层纱套。（图 3-12-25、图 3-12-26）

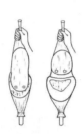

图 3-12-25　放置 4 片齿形金属垫片　　图 3-12-26　套 2 层纱套

4) 套上带有注入口的外层 PVA 薄膜套，把薄膜套上口扎紧后，开启抽真空泵检查密闭性。

5) 准备好适量的硬树脂，按配比加入颜色糊和固化剂并搅拌均匀，将硬树脂从注入口注入 PVA 薄膜套内，扎紧注入口，将阳型末端向下成 45°固定在抽真空工作台上。（图 3-12-27~图 3-12-29）

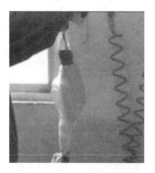

图 3-12-27　灌硬树脂　　　　图 3-12-28　扎紧外层 PVA 薄膜套上口

图 3-12-29　阳型末端向下成 45°固定

6) 在树脂固化前将树脂擀到口型外侧和腋下两金属垫片处，以盖住金属垫片为止，然后将残肢端部剩余的树脂扎住。

7) 待硬树脂固化后，除去外层 PVA 薄膜套，再套 1~2 层纱套后套外层 PVA 薄膜

套，灌注适量软树脂。（图 3-12-30）

8）等待软树脂固化后（图 3-12-31），剥去外层 PVA 薄膜套，将成型后的接受腔切开（图 3-12-32）。

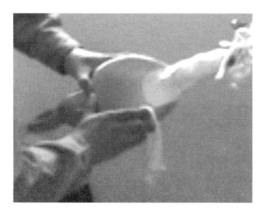 

图 3-12-30　灌注软树脂　　　　　图 3-12-31　等待软树脂固化

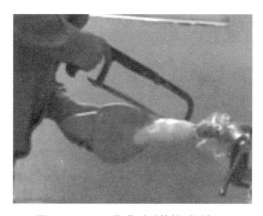

图 3-12-32　将成型后的接受腔切开

9）修剪切开的接受腔，用专用磨头将接受腔口型边缘打磨光滑。（图 3-12-33、图 3-12-34）

图 3-12-33　修剪接受腔　　　　　图 3-12-34　将口型缘打磨光滑

10）在齿形金属垫片中心打孔。（图 3-12-35）

图 3-12-35　在齿形金属垫片中心打孔

11) 在肌电信号强度最强的地方按电极大小开孔，若为开关控制上臂假肢，则开开关安装孔。（图 3-12-36）

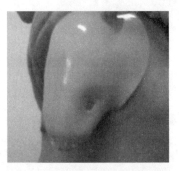

图 3-12-36　按电极大小开孔

12) 让患者试穿打磨光滑且打好孔的接受腔，检查接受腔大小是否符合要求，在检查好的接受腔上，根据健侧上肢画出上臂的轮廓。（图 3-12-37）

图 3-12-37　在接受腔上画出上臂的轮廓

（二）制作上臂筒阳型

1) 在接受腔内壁涂抹分离剂后，灌注适量的石膏浆，插入金属棒（图 3-12-38）。待石膏硬化后将其固定在抽真空的工作台上，根据接受腔前侧和外侧的基准线，按照肘关节屈曲 5°~10°、内收 5°~10° 的对线要求，用石膏绷带制作上臂筒阴型。（图 3-12-39）

图 3-12-38　灌注石膏浆，插入金属棒　　　　图 3-12-39　制作上臂筒阴型

2）待石膏绷带硬化后，向石膏绷带所围成的阴型内灌注石膏浆，待石膏浆硬化后，撕去石膏绷带，得到上臂筒的阳型。（图 3-12-40）

图 3-12-40　灌注石膏浆，制作上臂筒阳型

3）根据健侧上臂形态及所测健肢数据，对上臂筒进行修型，用稀石膏浆添补阳型表面的微孔和凹陷部，将阳型尺寸及形态修整至与健侧一致，然后将其表面修磨圆滑。（图 3-12-41、图 3-12-42）

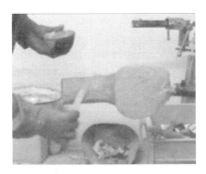

图 3-12-41　用稀石膏浆添补阳型　　　　图 3-12-42　将阳型修磨圆滑
　　　　表面的微孔和凹陷部

（三）树脂上臂筒抽真空成型

1）在上臂筒阳型上套 PVA 薄膜套，再套 2~3 层纱套，在肘关节连接盘上包一层碳纤维布作为加固层，再套 2~3 层纱套，最后套上带有注入口的外层 PVA 薄膜套，扎紧下口。（图 3-12-43、图 3-12-44）

图 3—12—43　套纱套　　　图 3—12—44　套外层 PVA 薄膜套，扎紧下口

2）灌注树脂（图 3—12—45）。将树脂、固化剂、颜色糊按相应比例调匀后，从 PVA 薄膜套注入口注入，然后扎紧上口。

3）将树脂均匀擀到接受腔的口型部位，让其自然固化（图 3—12—46）。树脂固化过程中其温度先升高，然后慢慢降低。

图 3—12—45　灌注树脂　　　　　图 3—12—46　擀均匀树脂

4）切割修磨上臂筒。待树脂完全固化后，切除肘部多余的树脂块，剥除外层 PVA 薄膜套，取下成型的树脂上臂筒，清除内壁的石膏，然后修磨上臂筒口型边缘，口型边缘高度应与接受腔硬树脂边缘平齐（图 3—12—47～图 3—12—49）。修磨完成后除去接受腔内的石膏，清除接受腔内壁污迹。

图 3-12-47　切除多余树脂块

图 3-12-48　剥除外层 PVA 薄膜

图 3-12-49　修磨口型边缘

六、半成品的组装

（一）接受腔与上臂筒的组装

1）将树脂上臂筒套在接受腔上，用钢针从接受腔内壁的螺丝孔中心向外穿出，在上臂筒相应位置钻孔。

2）取下树脂上臂筒，在螺丝孔位置用直径 4.2mm 的钻头钻孔，用 M4 螺钉将上臂筒与接受腔连接固定。

3）连接上臂筒与肘关节连接盘，用 M4 的丝锥钻孔并连接。（图 3-12-50～图 3-12-52）

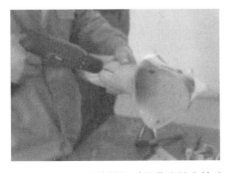
图 3-12-50　上臂筒与肘关节连接盘钻孔

图 3-12-51　用 M4 的丝锥钻孔

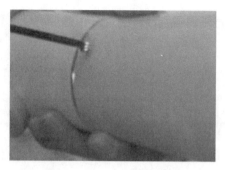

图 3-12-52　用螺丝连接

（二）接受腔与搭扣带的组装

将接受腔及上臂筒穿在残肢上，在合适安装搭扣带的位置做好标记，再取下接受腔，用子母钉将搭扣带固定在接受腔及上臂筒上。（图 3-12-53、图 3-12-54）

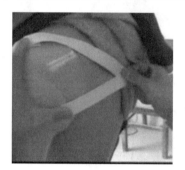

图 3-12-53　在安装搭扣带的位置做好标记　　图 3-12-54　将搭扣带固定在接受腔上

（三）上臂筒、接受腔、前臂半成品部件的组装

1）将各临时连接处按标记位置用铆钉铆接固定，让患者佩戴（图 3-12-55），调节背带（图 3-12-56）。

2）紧固肘部和腕部连接螺钉。

3）给机械假手套上美容手套（塑料或硅胶），并做好产品清洁工作，成品完成。

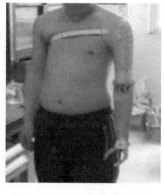

图 3-12-55　假肢成品佩戴　　　　　图 3-12-56　调节背带

七、上肢机械索控假肢

（一）上肢机械索控假肢接受腔

上肢机械索控假肢接受腔及上臂筒的制作方法可参考电动假肢。

（二）上肢机械假肢的索控牵引形式

上肢机械假肢的索控牵引形式通常有：
1）用于前臂假肢、腕部假肢的"8"字形和"9"字形索控牵引。
2）用于上臂和肘关节机械索控假肢的二重索控系统（图 3-12-57）和三重索控系统（图 3-12-58）。

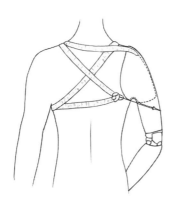 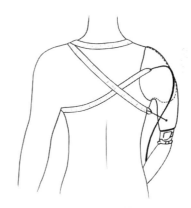

图 3-12-57　二重索控系统　　　　　图 3-12-58　三重索控系统

（三）弹性背带控制索及帆布背带的安装

1. 手指的开闭动作控制索
将穿有钢索的弹性背带 1 的一端与健侧腋窝环带（帆布背带）后侧连接，弹性背带另一端固定在上臂筒接受腔后侧，穿出弹性背带的钢索与前臂外侧的假手开闭控制索连接。详见图 3-12-59 中控制带 1。

2. 假肢前臂伸屈控制索
帆布背带 2 的一端为健侧腋窝环带起点，绕过健侧腋窝至颈部后侧，在肘关节上部与控制肘关节屈曲的前臂控制索连接，控制索另一端止于前臂的前侧中上部位。详见图 3-12-59 中帆布背带 2。

3. 肘关节锁定控制索
将穿有钢索的弹性背带 3 的一端固定于健侧腋窝前侧环带，绕过颈部后侧至假肢上臂，另一端固定在接受腔，穿出弹性背带的钢索与肘关节锁定索连接。详见图 3-12-59 中弹性背带 3。

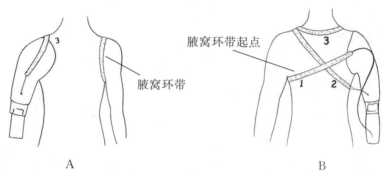

A   B

注：背带1和3是弹性背带控制索，分别用于控制假肢的手指开闭和肘关节锁定控制，2是帆布背带，用于弹性背带控制索和腋窝环带的连接及控制假肢前臂伸屈

图 3-12-59　弹性背带控制索及帆布背带的安装

（四）半成品的试样检查

1）将各控制索与背带的连接部用止血钳做临时固定。

2）检查并调整肘关节屈曲控制索，使截肢者在屈肘、伸肘时以最省力的运动模式完成动作。

3）检查并调整肘关节锁定控制索，使患者能以最小的力量及最短的移动距离牵动控制索，达到开锁及闭锁的目的。

4）检查并调整手指开闭动作控制索，使患者能以最小的力量及最短的移动距离牵动控制索，完成手指开闭动作。一般按以下标准调整：

（1）假肢伸直位时，手指张开间距应达到最大值。

（2）肘关节屈曲90°时，手指张开间距应达到最大值。

（3）屈肘使假手指到达嘴边位时，手指张开间距应达到最大值的50%。

5）经检查调整合适后，将背带与控制索的连接部位做好定位标记。

（五）成品的装配

将各临时连接处按标记位置用钢钉铆接固定，将调整好的弹性背带控制索及帆布背带固定，交付使用。（图 3-12-60）

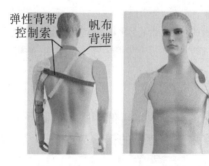

图 3-12-60　弹性背带控制索及帆布带设置示意图

第十三章　肩关节离断假肢的制作

肩关节离断假肢适用于肩部截肢和上臂极短残肢的患者。

一、残肢和健肢的测量及肌电信号测试

（一）残肢和健肢的临床检查

1）测量残肢长度，检查皮肤和软组织完好性及残肢肌力。
2）评估残肢肩关节活动功能。
3）评估残肢表面及残端疼痛点和免压部位。
4）测量残肢肌电信号的强度。
5）检查评估健侧上肢肩关节、肘关节、腕关节活动功能。

（二）确定电极位置和测量肌电信号

1. 确定电极位置
影响肌电假肢装配效果的因素，除患者的残肢条件、身体状况等，还包括电极放置位置是否准确。电极位置确定应满足以下条件：
1）选择的该组肌群肌电信号较强。
2）在一组肌的肌电信号发出的同时，另一组拮抗肌群发出的肌电信号要小，即干扰小。（图 3－13－1）

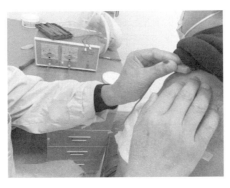

图 3－13－1　确定电极位置

3）肩关节离断假肢的两个电极一般放在肱二头肌、肱三头肌对应皮肤表面。

2. 残肢肌电信号的测量

做好残肢肌电信号的测量与训练并做好标记。将两块电极用松紧带固定在屈、伸肌的相应位置上，接上肌电测试仪，指导患者残肢做肩关节的后伸、前屈动作，通过测试仪上肌电信号读数调整电极位置，确定后在残肢上画出电极位置。（图3－13－2、图3－13－3）

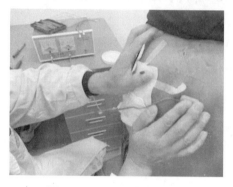

图3－13－2　测量肌电信号

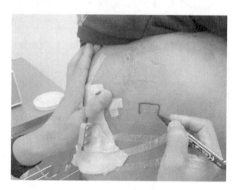

图3－13－3　画出电极位置

（三）残肢和健肢的测量

测量的重点是健肢侧有关部位的尺寸，具体测量内容如下：

1) 肩峰至肱骨外上髁的长度。

2) 腋下至肱骨内上髁的长度。

3) 肱骨内上髁至拇指指端的长度。

4) 肱骨外上髁至尺骨茎突的长度。

5) 健肢腋下水平围长。

6) 健肢肘上、肘下水平围长。

7) 食指至小指（手掌部）的宽度。

二、石膏阴型的制作

1) 制作一件特制的取型专用护套包裹在患者身上。（图3－13－4）

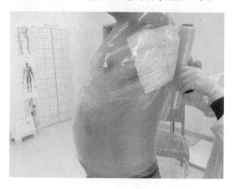

图3－13－4　包裹专用护套

2）用脱色笔在护套上残肢的骨突部，如肩峰、锁骨、肩胛骨下角和压痛点画标记。（图3-13-5）

3）按照接受腔的设计要求，在残肢处画出接受腔口型的轮廓线（图3-13-6），即接受腔的设计图。对于女性患者，应注意不要使其范围压住乳房。

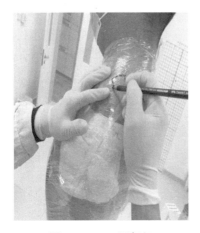

图3-13-5 画标记

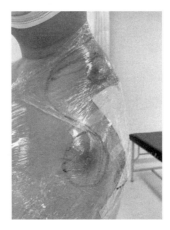

图3-13-6 画出接受腔口型的轮廓线

4）取型：剪3条适合长度的石膏绷带，每条石膏绷带叠成3层，用水浸湿后，将1条压在肩峰处，另2条压在肩峰的下方。（图3-13-7、图3-13-8）

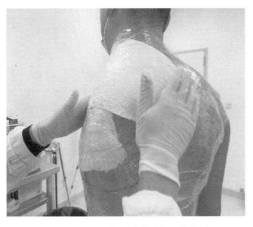

图3-13-7 1条石膏绷带压在肩峰处

图3-13-8 2条石膏绷带压在肩峰的下方

5）将石膏绷带卷浸湿后，在残肢部位从前侧到后侧来回重叠压盖。也可以环绕残肢和健侧腋下缠绕4层，或残肢部位压盖3层，最后1层环绕至健侧腋下再返回，包住之前压盖的石膏绷带。

6）在石膏绷带硬化前，操作者先用一只手的无名指和中指压在锁骨前侧的上、下缘，食指和拇指在胸前，使胸大肌承受部分压力；另一只手的拇指压在残肢肩峰下方腋下，其余四指压在后侧肩胛骨下方，使后侧的背阔肌也承受一定的压力（图3-13-9、图3-13-10）。

图 3-13-9　取型手法一

图 3-13-10　取型手法二

7）待石膏硬化后取下模型，将取型护套翻印在内壁上的各种标记描绘清楚，按设计的接受腔边缘轮廓线修剪口型（图 3-13-11～图 3-13-13），检查标记的位置是否有移位，如有应及时修正。

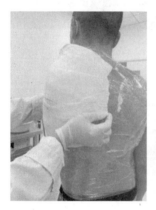

图 3-13-11　取下模型

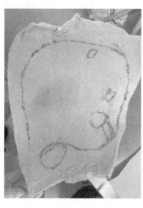

图 3-13-12　各种标记
描绘清楚

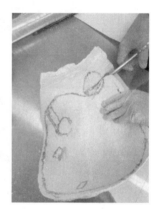

图 3-13-13　修剪口型

8）将修剪好的石膏阴型穿在残肢上，检查适配情况（图 3-13-14）。应特别注意检查骨突部，如有不适，需反复修整和试穿，直至合适。并重点检查以下部位是否适配。（图 3-13-15）

（1）石膏阴型的口型边缘与残肢部位是否服帖，腋下是否能稳定接受腔壁。

（2）胸大肌和背阔肌是否能受力。

（3）阴型颈部边缘是否妨碍颈的侧屈活动。

（4）是否压住女性患者的乳房。

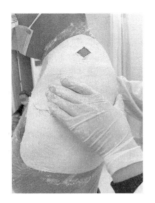 

图 3-13-14　试穿和修整　　　　图 3-13-15　检查适配

三、石膏阳型的制作

1）在石膏阴型的口型边缘用宽 6～8cm 的石膏绷带叠 2～3 层围出裙边（图 3-13-16），并在石膏阴型内涂抹分离剂（凡士林）。

2）待裙边硬化后，将石膏阴型固定在沙坑里，开口朝上。

图 3-13-16　石膏阴型围出裙边

3）向石膏阴型内腔灌注石膏浆（图 3-13-17）。石膏硬化前将金属棒从阳型腋下的位置插入，使其与矢状面的基准线平行。（图 3-13-18）

图 3-13-17　石膏阴型内腔灌注石膏浆　　图 3-13-18　金属棒与矢状面
的基准线平行

145

4）石膏硬化后，将基准线模刻到石膏阳型上。（图 3-13-19）

5）剥去阴型并将各部位标记描绘清楚。（图 3-13-20）

图 3-13-19　将基准线模刻
到石膏阳型上

图 3-13-20　描绘标记

6）将阳型表面修磨平整，口型边缘修磨圆滑。

7）在阳型的骨突及压痛部位用石膏添补适当高度并修磨圆滑，根据阳型的边缘长度将石膏绷带折成细条，浸湿后包绕在阳型边缘，起翻边过度作用。（图 3-13-21）

8）将阳型放置在烘箱内烘干。

图 3-13-21　阳型修磨圆滑，包绕石膏条

四、树脂接受腔及上臂筒的制作

（一）接受腔的制作

将烘干后的石膏阳型固定在抽真空工作台上，连接抽真空软管。

1）将 2 个大小合适的 PVA 薄膜套用湿毛巾包裹、浸湿。

2）在阳型上包裹 1 层保鲜膜（图 3-13-22），再套 1 层薄的丝袜（图 3-13-23），然后套浸软的内层 PVA 薄膜套，套好的 PVA 薄膜套下方用绳或布条扎紧（不遮住抽气孔），检查密闭性，扎好之后再套 8 层丙纶纱套，纱套的端口应置于阳型的口型处。最后套外层 PVA 薄膜套，并在抽气孔下方用绳条将下口封住（图 3-13-24），暂时扎紧上方树脂注入口，检查密闭性。

图 3-13-22　阳型上包裹　　　图 3-13-23　套丝袜　　　图 3-13-24　套外层
　　　1 层保鲜膜　　　　　　　　　　　　　　　　　　　　PVA 薄膜套

3）准备适量的树脂，按比例加入固化剂和颜色糊，搅拌均匀后注入 PVA 薄膜套内并扎紧上口，打开真空泵。（图 3-13-25）。

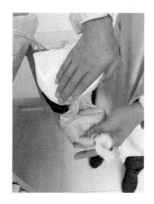

图 3-13-25　注入树脂

4）将树脂均匀地捋擀到口型的边缘（图 3-13-26），并把树脂表面的气泡擀掉。
5）等待树脂固化冷却后（图 3-13-27），关掉真空泵。

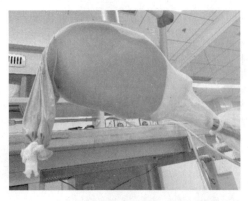 

图 3-13-26　将树脂均匀地捋擦到口型的边缘　　　图 3-13-27　等待树脂固化冷却

6）剥去外层 PVA 薄膜套，用电锯沿着接受腔的边缘锯开，取下未打磨的接受腔。（图 3-13-28）

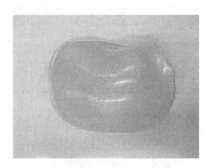

图 3-13-28　用电锯将接受腔的边缘锯开取下

7）打磨。用砂轮将接受腔的边缘打磨光滑。（图 3-13-29）

图 3-13-29　边缘打磨光滑

（二）上臂筒的制作

1）先在残肢上根据最初的标记确定电极位置，用记号笔描绘标记，然后将接受腔安装在残肢上，将电极位置标记翻印到接受腔内壁的相应位置上。（图 3-13-30、图 3-13-31）

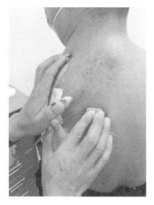
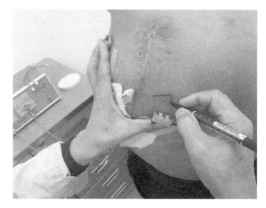

图 3-13-30　最初标记好的电极位置　　　　图 3-13-31　描绘标记

2）用电钻及美工刀在接受腔电极安装位置开孔，检查电极孔的适配性，使开孔的大小刚好可以放下电极。（图 3-13-32～图 3-13-34）

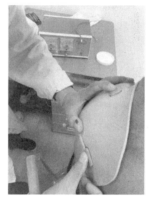

图 3-13-32　接受腔电极　　图 3-13-33　接受腔电极　　图 3-13-34　检查电极孔
　　位置开孔一　　　　　　　　位置开孔二　　　　　　　　适配性

3）将接受腔重新安装到残肢上，利用激光对线仪，参考健侧的腋前、腋后、肩峰、前后正中线，在接受腔上用记号笔标记残肢侧腋前、腋后、肩峰位置。（图 3-13-35）

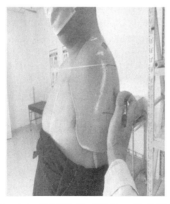
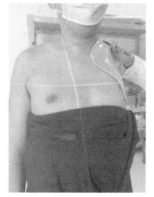

图 3-13-35　利用激光对线仪，参考健侧的腋前、腋后、肩峰、前后正中线，
在残肢侧做好标记

4）根据标记线，对照健侧上肢的形态及所测数值，用石膏在接受腔的外侧补出肩关节的形状。（图3-13-36）

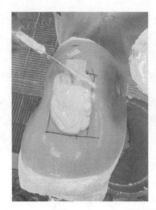

图3-13-36　用石膏补出肩关节的形状

5）用废弃的胶片卷成筒状，用胶带固定在肩关节下方，固定过程中需要参考健肢上臂自然状态下的形态及位置，及时进行调整。（图3-13-37）

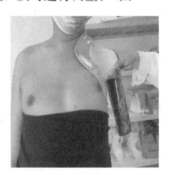

图3-13-37　胶片卷成筒状塑造上臂外形

6）将调整好的上臂固定在接受腔上，将固定好的肩关节整体放在沙坑内，使上臂筒的开口朝上，将石膏浆注入胶片制成的上臂筒内。（图3-13-38）

图3-13-38　将石膏浆注入上臂筒内

7）待石膏凝固后，剥去外层胶片，得到带有接受腔的上臂筒阳型。（图3-13-39）

图 3-13-39 **带有接受腔的上臂筒阳型**

8）将带有肩关节和上臂阳型的接受腔重新放回接受腔的阳型上，用浸湿石膏绷带缠绕在接受腔口型周围，重新形成一个开放的腔。（图3-13-40、图3-13-41）

图 3-13-40 **将上臂的接受腔重新放回接受腔的阳型上，用石膏绷带缠绕在肩关节周围**

图 3-13-41 **再次制作的阴型**

9）将再次制作的阴型固定在沙坑内，开口朝上，插入金属棒，将金属棒固定在中心位置，调适量石膏浆，并将调好的石膏浆注入这个腔内，将整个阴型填满。（图3-13-42）

图 3-13-42 **用石膏浆填满阴型**

10）待石膏硬化后将模型固定在操作台上，将外层石膏绷带剥掉，得到一个带有肩

关节的阳型，将阳型用石膏锉刀修整成与健侧肩相似的形态，并用砂纸将阳型表面打磨光滑。（图 3-13-43）

图 3-13-43　肩关节阳型打磨光滑

11）套内层 PVA 薄膜套，下口扎紧，检查密闭性，套纱套，套外层 PVA 薄膜套，从外层 PVA 薄膜套注入口注入树脂，抽真空，待树脂固化，剥去外层 PVA 薄膜套，打磨成型。（图 3-13-44～图 3-13-47）

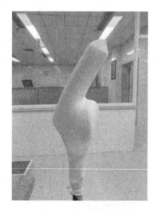

图 3-13-44　套内层 PVA
薄膜套和纱套

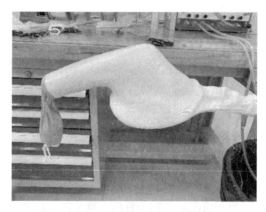

图 3-13-45　注入树脂

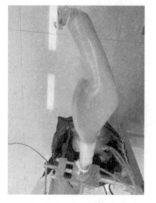

图 3-13-46　等待树脂固化

图 3-13-47　成型

五、半成品的组装和成品装饰

（一）安装搭扣带

1）在接受腔的前侧和后侧合适位置做 4 个标记点。

2）用电钻在 4 个标记点打孔。（图 3-13-48）

3）将搭扣分别铆接在前后侧打好孔的位置（图 3-13-49），缝上背带（图 3-13-50）。

4）把安装好搭扣带的接受腔给患者进行试戴。（图 3-13-51）

5）在搭扣带合适位置处做标记，缝上魔术贴。

图 3-13-48　标记点钻孔

图 3-13-49　铆接搭扣

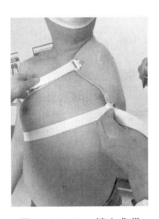

图 3-13-50　缝上背带

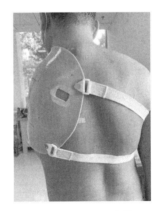

图 3-13-51　试戴

（二）安装电极

1）剪一小块长度合适的长方形弹力带，并在弹力带一面的两端刷上粘胶。（图 3-13-52）

2）在接受腔外侧电极孔的周围刷上粘胶。（图 3-13-53）

图 3-13-52　弹力带两端刷上粘胶

图 3-13-53　接受腔外侧电极孔
周围刷上粘胶

3）粘弹力带（图 3-13-54），将电极装在接受腔的电极孔处，用弹力带刷了粘胶的一面将电极固定住，金属面朝内，并将电极线用透明胶带固定在接受腔外表面（图3-13-55），让患者试戴。

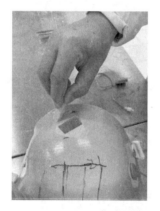

图 3-13-54　粘弹力带

图 3-13-55　将电极线固定在接受腔外表面

4）将接受腔的电极线与前臂肌电假肢的电极线相连，嘱患者用力收缩肌肉，检测肌电控制情况。（图 3-13-56）

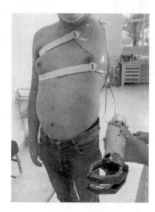

图 3-13-56　调试肌电假肢

（三）组装上臂筒和接受腔

1）将打磨后的上臂筒重新安装到接受腔上，并对照健侧肢体标记上臂筒在接受腔的位置。（图3-13-57）

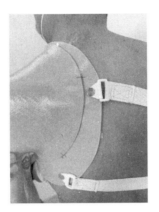

图3-13-57　标记上臂筒在接受腔的位置

2）将做好标记的接受腔和上臂筒取下，用记号笔在上臂筒和接受腔重叠的边缘部位均匀地标记打孔点，用电钻在标记的位置打孔，然后用子母钉将接受腔和上臂筒固定在一起。（图3-13-58）

图3-13-58　在标记的位置打孔，将接受腔和上臂筒固定

3）根据健侧手长度，将上臂筒下端多出的部分打磨掉，然后将上臂筒和前臂假肢连起来，用电钻在上臂筒和前臂重叠的位置均匀地打上孔，并攻丝，最后拧上螺丝，交付使用。（图3-13-59～图3-13-62）

图 3−13−59　肘关节连接部位钻孔

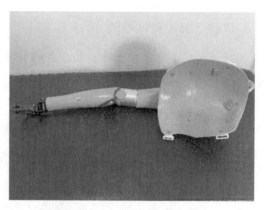

图 3−13−60　肘关节与前臂筒连接

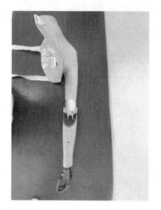

图 3−13−61　肩关节假肢外形

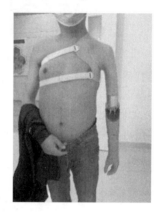

图 3−13−62　交付使用

第四篇

高温热塑矫形器的制作

第十四章　Walkabout 步行系统

第一节　Walkabout 步行系统基础

1992 年 Chris Kirtley 和 Stewart 在美国路易斯安那大学复式截瘫步行器（LSURGO）的基础上开发出 Walkabout 步行系统。

一、Walkabout 步行系统的结构、功能特点

Walkabout 步行系统没有骨盆装置，髋关节铰链装配在大腿的内侧，可以有效地控制髋关节的内收、外展运动，借助躯干的前倾和下肢的惯性使下肢向前摆动。Walkabout 步行系统利用钟摆原理工作，使用者行走时，身体先向一侧倾斜，当一侧髋关节中心高于身体重心时，由于重力作用，该侧下肢会产生钟摆式运动，完成向前行走的动作。Walkabout 步行系统的互动式铰链装置限制了髋关节的内收、外展和旋转，允许屈曲和伸展，避免了行走中的无效能耗。双侧的膝踝足矫形器（KAFO）稳定了膝、踝关节。

二、Walkabout 步行系统的优缺点

1）优点：髋关节铰链装于大腿内侧，没有笨重的骨盆装置，不但重量轻，而且外观类似双侧 KAFO，外观美观，容易穿脱。

2）缺点：髋关节铰链轴心的位置与髋关节的生理轴心位置不符合，步行中髋关节缺少旋转运动。

三、适应证

主要适合于 T_{10} 以下的截瘫患者，胸腰段脊柱裂、脊髓损伤的截瘫患者。

四、禁忌证

1）躯干和下肢对线不良、姿势不良，脊柱和髋、膝、踝关节有固定的屈曲畸形。

2）腰段脊柱后伸、侧屈功能不良。

3）躯干上部和双上肢肌力不足。

五、Walkabout 步行系统的作用

1）站立行走对截瘫患者康复有许多益处：①预防骨质疏松；②有助于改变大小便功能；③扩充其他下肢站立功能；④改善患者的心理状态；⑤增强心肺功能；⑥预防深静脉血栓形成；⑦增大髋、膝、踝关节的关节活动度和稳定性；⑧减少挛缩与压疮等并发症；⑨延缓肌肉萎缩等。

2）在辅助截瘫患者站立行走过程中，不同的截瘫步行矫形器发挥了不可替代的作用：①稳定步态；②固定和保护；③预防和矫正畸形；④减少承重；⑤提高患者的站立及行走能力；⑥通过强化训练提高患者的日常生活活动能力（ADL）及步行能力。

六、适合性检查要点

1）髋关节铰链应位于会阴下 2～3cm。特别是男性患者，应注意避免髋关节铰链碰到生殖器官。

2）髋关节铰链应与地面平行。

3）髋关节铰链。

4）双下肢的膝铰链的轴心应处于同一水平，双下肢的内侧膝关节铰链之间保持一横指的距离。

5）站立位具有良好的对线，患者能稳定地坐在轮椅上。

第二节 Walkabout 步行系统的制作

一、材料和工具准备

主要材料和工具：石膏绷带、石膏剪、石膏脱色笔、美工刀、软尺、卡尺、直尺、软管、烤箱、对线仪、锉刀、石膏挑刀、石膏碗、四六开尺子、膝关节铰链、震动锯、手枪电钻、打磨机、PE泡沫板等。

二、制作流程

1）评估（图4-14-1）：①关节（髋关节、膝关节、踝关节）活动度。②关键肌（髂腰肌、臀中肌、股四头肌、腓肠肌）肌力。

2）套袜套，画脚印。

3）画标记（图4-14-2）：在第一、第五跖趾关节，舟骨，跟骨结节，第五跖骨粗隆，股骨内、外踝，腓骨小头，胫骨嵴，髌骨，膝关节间隙，股骨大转子，会阴内侧画标记。

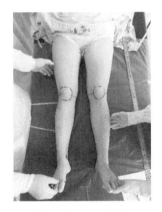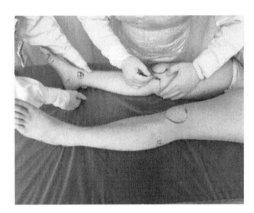

图4-14-1　评估　　　　图4-14-2　画标记

4）测量尺寸。测量会阴处宽度，髌骨上缘宽度，膝关节间隙宽度，髌骨下缘宽度，踝关节上缘宽度，股骨内、外踝宽度，膝关节宽度，第一、第五跖趾关节宽度，股骨大转子到地面的距离，膝间隙到地面的距离，腓骨小头到地距离，脚长。（图4-14-3）

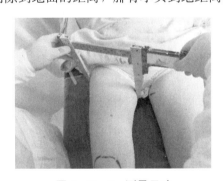

图4-14-3　测量尺寸

5）放切割条。（图4-14-4）

6）取型。缠绕石膏绷带，从会阴标记处往足部缠绕，缠绕石膏绷带（图4-14-5）过程中让患者膝关节维持伸直位，踝关节保持中立位并适度外旋。取型过程中可进行适当矫正。

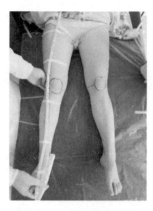 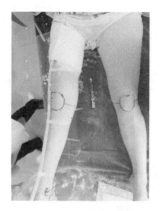

图4—14—4　放切割条　　　　图4—14—5　缠绕石膏绷带

7）取下阴型。待石膏绷带硬化后，沿切割条画缝合线并切割，将阴型从患者肢体取下。（图4—14—6）

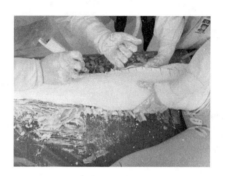

图4—14—6　取下阴型

8）修补阴型。（图4—14—7）

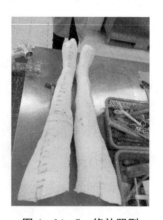

图4—14—7　修补阴型

9）对线。将阴型在矢状面和额状面进行对线，在额状面的对线以髌骨中点、踝关节中点和第一、第二足趾中间位置为基准线。矢状面的对线以踝关节90°为标准。（图4—14—8）

A. 额状面　　　　　　　　B. 矢状面

图 4-14-8　对线

10）确定膝关节轴位置（图 4-14-9）。对线完成后，在石膏阴型上找到膝关节间隙，水平上移 2cm 后画线，然后在矢状面以前 60%、后 40% 的比例找到交点，此点即为膝关节位置，内外侧连接起来就是膝关节轴，将轴模块放入石膏阴型。

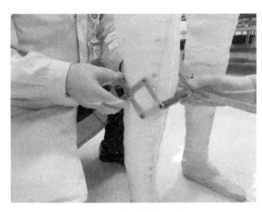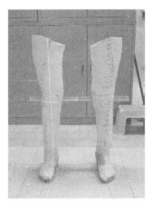

图 4-14-9　确定膝关节轴位置

11）灌石膏阳型。（图 4-14-10）

图 4-14-10　灌石膏阳型

12）修整石膏阳型（图 4-14-11）。按照测量的各部位尺寸修补石膏阳型，腓骨小头添补石膏5mm，踝关节添补石膏5mm，足部增长1cm，修足底时保证跟骨，第一、第五跖趾关节三点在同一平面，并修出足底滚动面。

图4-14-11　修整石膏阳型

13）真空成型（图4-14-12）。根据石膏模型大小裁剪合适的聚丙烯板材，板材厚度根据患者身高体重确定，一般为4~5mm，板材的长度和宽度一般为石膏模型最长和最宽处加3~5cm。将裁剪好的板材放入烤箱中加热，温度160℃，然后将石膏模型与抽真空管连接，将纱套套在石膏模型上，踝关节处加衬垫，真空成型。

图4-14-12　真空成型

14）支条成型（图4-14-13）。使用马口扳手进行内外侧支条的加工，内外侧支条应在同一额状面上，支条上缘高度应低于口型上缘1cm，下缘可达内外踝上端，定位支条并在支条上打孔，并在已成型的材料上定位打孔。

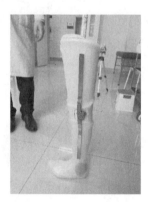

图4-14-13　支条成型（使用支条为北京东方瑞盛公司膝关节铰链系列，型号6-12）

15）打磨（图 4-14-14）。使用打磨机低转速对矫形器进行打磨。

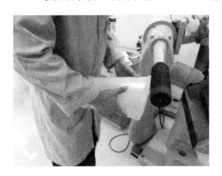

图 4-14-14　**打磨**

16）组装。按照预先做好的标记点进行支条和摆动器（图 4-14-15）的组装。

图 4-14-15　**摆动器**

17）试样（图 4-14-16）。让患者穿上纱套进行试样。检查内容包括上缘高度、膝关节轴位置、矫形器边缘的适配性、屈膝时后侧缘的位置等。

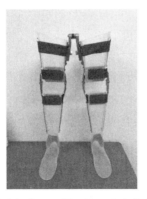

图 4-14-16　**髋膝踝足截瘫行走矫形器（使用北京东方瑞盛公司截瘫行走系列，型号：39-01）**

第十五章　膝踝足矫形器的制作

膝踝足矫形器适用于小儿麻痹症、脑卒中、股骨骨折、脊柱裂、截瘫、小儿股骨头缺血坏死症、X形腿、O形腿的矫治。

一、材料和工具准备

准备的材料和工具包括卡尺、角度尺、石膏绷带、凡士林、保鲜膜、石膏脱色笔、皮尺、钢尺、保鲜膜、凡士林、软管、平板加热器、真空泵、曲线锯、打磨机等。

二、制作流程

1) 评估。①关节活动度：髋关节、膝关节、踝关节的关节活动度评估。②关键肌肌力：髂腰肌、臀中图肌、股四头肌、腓肠肌的肌力评估。

2) 套袜套，画脚印。

3) 画标记。第一、第五跖趾关节，舟骨，跟骨结节，第五距骨粗隆，股骨内外踝，腓骨小头，胫骨嵴，髌骨，膝关节间隙，股骨大转子，会阴内侧，测量围长的间隔标记。（操作详见第十四章）

4) 测量尺寸。测量会阴处宽度，髌骨上缘宽度，膝关节间隙宽度，髌骨下缘宽度，踝关节上缘宽度，股骨内外踝宽度，膝关节宽度，第一、第五跖趾关节宽度，股骨大转子到地面的距离，膝关节间隙到地面的距离，腓骨小头到地面的距离，脚长。

5) 放切割条。（操作详见第十四章）

6) 取型。缠绕石膏绷带，从会阴标记处往足部缠绕，缠绕石膏绷带过程中保持膝关节保持伸直位，踝关节保持中立位并有适度外旋，取型过程中可进行适当矫正。注意事项：取型时两足间距保持在 10~15cm，根据患肢的情况适当进行矫正。

7) 切割取下阴型。待石膏硬化取型完成后，沿切割条画缝合线并切割，将阴型从患者肢体上取下。（示意图见第十四章）

8) 对线。将阴型在矢状面和额状面进行对线，额状面的对线以髌骨中点、踝关节中点和第一、第二趾中间位置为基准线。矢状面的对线以踝关节 90° 为标准。（操作详见第十四章）

9) 确定膝关节轴位置。对线确定完成后，在石膏阴型上面找到膝关节间隙位置，水平上移 2cm 后画线，然后在矢状面以前 60%、后 40% 的比例找到交点，此点即为膝关节位置，内外侧连接起来就是膝关节轴，将轴模块放入石膏阴型。（操作详见第十四章第二节）

10）灌石膏阳型。（操作示意图见第十四章）

11）修整石膏阳型。先测量各个部位的尺寸，如果尺寸过大先修整到合适尺寸；修整足底，保证跟骨、第一跖趾、第五跖趾关节三点着地并在同一平面；保持踝关节90°，然后垫上跟高在矢状面和额状面进行对线，踝关节原则上需要添补石膏 5mm，腓骨小头添补石膏 5mm，跟骨结节添补石膏 2mm，足部增长 1cm。

12）成型。下肢矫形器由于受力原因，一般使用聚丙烯材料，板材厚度根据患者身高体重确定，一般为 4~5mm。根据石膏模型大小裁剪合适的板材，板材的长度和宽度一般为模型的最长和最宽处加 3~5cm，将裁剪好的板材放入烤箱中加热，然后将石膏模型与抽真空管连接，在石膏模型上套上纱套，待板材软化后，真空成型。

13）支条成型。使用马口扳手进行内外侧支条的加工，要保证内外侧支条在同一额状面上并且垂直于行进方向线，支条上缘低于聚丙烯材料边缘 1cm，下缘可达内外踝上端，定位支条并在支条上打孔，并在已成型的材料上定位打孔。（操作详见第十四章第二节）

14）支条成型并打孔定位后，取下支条，画出切割线，然后使用振动锯沿切割线进行切割。

15）打磨。使用打磨机以低转速对矫形器进行打磨。（操作详见第十四章）

16）组装。按照之前已经确定好的位置进行支条和矫形器的组装，使用螺栓进行连接，过长的螺栓需要切割掉，避免划伤患者。

17）试样（图 4-15-1）。让患者穿上纱套进行试样。检查内容包括上缘高度、膝关节轴位置、矫形器边缘的适配性、屈膝时后侧缘的位置等。

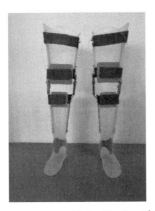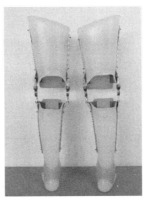

图 4-15-1　膝踝足矫形器试样

第十六章　静态踝足矫形器的制作

静态踝足矫形器适用于小腿及足部受伤后的术后固定及保护，防止踝关节肌腱挛缩、足下垂、扁平足、足内外翻、足部畸形、踝关节不稳、足跖屈等。

一、材料和工具准备

准备的材料和工具（图 4-16-1）包括纱套、卡尺、角度尺、石膏绷带、高温热塑板、美工刀、凡士林、保鲜膜、记号笔、皮尺、钢尺、软管、烤箱、真空泵、曲线锯、震动锯、打磨机、电钻等。

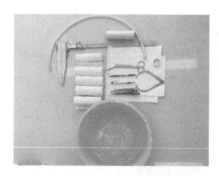

图 4-16-1　工具和材料准备

二、患者准备

取型时患者取坐位，踝关节保持在 90°；如果患者踝关节挛缩，则尽量取踝关节可以到达的背伸位；如果患者卧床，则仰卧位取型。

三、制作流程

1）画出脚掌纸样。（图 4-16-2）

2）画标记（图 4-16-3）。用记号笔在第一跖趾关节、第五跖趾关节、第五跖趾粗隆、舟骨、内外踝、腓骨小头画出标记。

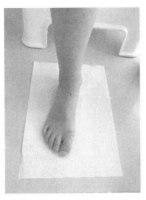
图4—16—2　画出脚掌纸样

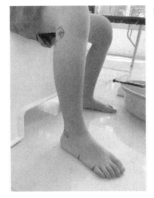
图4—16—3　画标记

3）测量尺寸（图4—16—4）。测量小腿各段围长，踝关节宽度，第一、第五跖趾关节宽度，踝关节高度。

4）安装切割条。（图4—16—5）

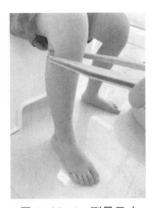
图4—16—4　测量尺寸

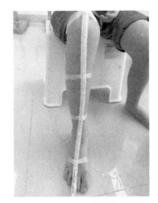
图4—16—5　安装切割条

5）取石膏阴型（图4—16—6），将石膏绷带放入水中浸透，从膝关节下方开始往下缠绕石膏绷带，取型过程中使踝关节保持中立位，用手矫正脚的内外翻和内外旋，垫上合适的跟高，等待石膏硬化后，在切割条位置处标记缝合线并沿缝合线切割，取下石膏阴型。

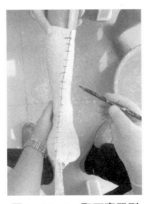
图4—16—6　取石膏阴型

6）将取好的石膏阴型封好，并进行微调，调好角度后直接灌肥皂水，然后插入金属棒浇灌石膏阳型。

7）修整石膏阳型（图4-16-7）。测量石膏阳型的各个尺寸，如果尺寸过大先修整到合适尺寸，修整足底，保证跟骨、第一跖趾、第五跖趾关节三点着地，保持踝关节90°，然后垫上跟高在矢状面和额状面对线。踝关节部位原则上需要添补石膏5mm，腓骨小头添补石膏5mm，跟骨结节添补石膏5mm，足部增长1cm，其他地方基本不动，最后在腓骨小头下2cm增加边缘条。

图4-16-7 修整石膏阳型

8）阳型修整好后，套上一层纱套，测量尺寸，切割板材放入烤箱加热软化，烤软后放到阳型上真空成型。（图4-16-8）

9）成型后画好剪切线，用震动锯切割。（图4-16-9）

图4-16-8 真空成型　　　图4-16-9 震动锯切割

10）在打磨机上打磨边缘，装订完成后给患者试穿，检查矫形器是否服贴，特别是踝关节处有无卡压，进行最后的修改后形成成品。（图4-16-10）

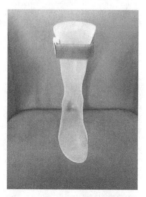

图4-16-10 矫形器成品

第十七章　动态踝足矫形器的制作（以弹性踝足为例）

动态踝足矫形器适用于足下垂、先天马蹄内翻足、脑瘫、外翻扁平足、膝关节过伸等。

一、材料和工具准备

材料和工具准备同静态踝足矫形器，包括红外对线仪、对线模块、纱套、卡尺、角度尺、石膏绷带、高温热塑板、美工刀、凡士林、保鲜膜、记号笔、皮尺、钢尺、软管、烤箱、真空泵、曲线锯、震动锯、打磨机、电钻等。

二、患者准备

患者取坐位，踝关节保持在 90°；如果患者踝关节挛缩，则尽量取踝关节可以到达的背伸位；如果患者卧床，则仰卧位取型。

三、制作流程（同静态踝足矫形器）

1）画出脚掌纸样。

2）画标记。用记号笔在第一跖趾关节、第五跖趾关节、第五跖趾粗隆、舟骨、内外踝、腓骨小头画出标记。

3）测量尺寸。测量小腿各段围长，踝关节宽度，第一、第五跖趾关节宽度，踝关节高度。

4）安装切割条。

5）取石膏阴型，将石膏绷带放入水中浸透，从膝关节下方开始往下缠绕石膏绷带，取型过程中使踝关节保持中立位，用手矫正脚的内外翻和内外旋，垫上合适的跟高，等待石膏硬化后，在切割条位置处标记缝合线并沿缝合线切割，取下石膏阴型。

6）将取好的石膏阴型封好，并进行微调。确定好踝关节机械轴（以外踝的高度确定机械轴的高度，然后在额状面画出内侧和外侧的高度线，在矢状面以内侧踝关节最突出点做垂线，其与高度线的交点即为内侧机械踝关节点，然后以内侧点作为基准做垂直于行进方向的线，找到外侧踝关节点，两点的连线即为踝关节机械关节轴），踝关节机械轴确定后向石膏阴型内灌肥皂水，然后插入金属棒浇灌石膏阳型。（图 4-17-1）

A. 额状面　　　　　　　　B. 矢状面

图 4-17-1　封石膏阴型

7）修整石膏阳型（图 4-17-2）。先测量阳型各个部位的尺寸，如果尺寸过大，先将其修整到合适尺寸，修整足底，保证跟骨，第一、第五跖趾关节三点着地，保持踝关节 90°，然后垫上跟高，在矢状面和额状面对线。踝关节原则上需要添补石膏 5mm，腓骨小头添补石膏 5mm，跟骨结节添补石膏 5mm，足部增长 1cm。其他地方基本不动，最后在腓骨小头下 2cm 增加边缘条。阳型修整完成后将弹性踝关节连接件安装在定点位置，并在弹性踝关节上做好标记，避免后期取下重新安装时混淆内外侧连接件。

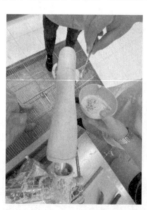

图 4-17-2　修整石膏阳型

8）阳型修好后，套上一层纱套，测量尺寸，切割板材放入烤箱加热软化，烤软后放到阳型上真空成型。

9）成型后画好剪切线，用震动锯切割，在打磨机上打磨边缘。

10）矫形器打磨抛光后，根据弹性踝关节上的标记，将弹性踝关节装回关节槽内，以确定打孔位置，确定位置后用电钻钻出螺丝孔并固定弹性踝关节，安装好弹性踝关节后，在矫形器上画出踝关节切割线（切割线一般为踝关节中线），然后取下弹性踝关节连接件，沿切割线锯开。（图 4-17-3、图 4-17-4）

图 4－17－3　安装连接件　　　图 4－17－4　从踝关节中线锯开

11）在打磨机上打磨踝足矫形器边缘，再次组装弹性踝关节连接件。（图 4－17－5）

图 4－17－5　再次组装弹性踝关节连接件

12）装订完成后给患者试穿，检查矫形器是否服贴，应特别注意检查踝关节处有无卡压，进行最后的修改后形成成品。（同静态踝足矫形器）

第十八章 色努脊柱侧凸矫形器的制作

一、材料和工具准备

材料和工具准备包括准备胸腰椎矫形器专用取型架、石膏绷带、塑料管、专用石膏剪、水槽、骨盆水平尺等。（图4-18-1、图4-18-2）

图4-18-1　取型架

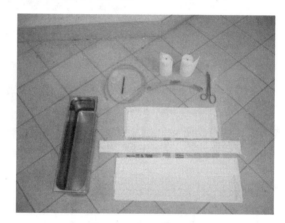

图4-18-2　取型工具

二、测量相关尺寸

测量相关尺寸见图4-18-3。

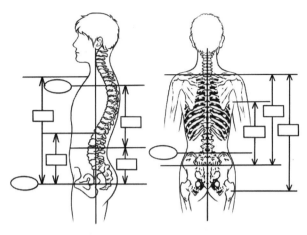

图 4-18-3 测量相关尺寸

三、患者准备

按要求调整取型架，患者取半蹲体位，使髌韧带抵在取型架的垫块上，同时将患者颈部略向上牵引。（图 4-18-4）

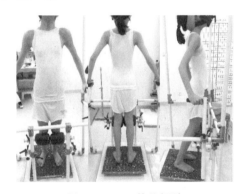

图 4-18-4 体位摆放

四、画标记

患者穿取型衣，矫形器师用记号笔在以下部位画标记：

1）正面（图 4-18-5）：需画出两侧锁骨、肋弓、髂嵴、髂前上棘、耻骨联合、剑突。

2）侧面（图 4-18-6）：需画出股骨大转子。

3）背面（图 4-18-7）：需画出肩胛骨及肩胛骨下角、脊柱走向、双侧髂后上棘、尾骨尖、第七颈椎。

图 4-18-5　正面

图 4-18-6　侧面

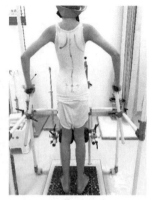
图 4-18-7　背面

五、取型

1）缠绕石膏绷带（图 4-18-8）。将石膏绷带片贴在标记处，可防止缠绕绷带时标记错位。将石膏绷带浸湿，并沥去部分水分，从骨盆处开始缠绕石膏绷带。

图 4-18-8　缠绕石膏绷带

2）勒出髂嵴形状（图 4-18-9）。用一条事先准备好的石膏绷带条勒出髂嵴形状，待石膏绷带条硬化后继续用石膏绷带向上缠绕。

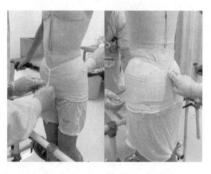
图 4-18-9　勒出髂嵴形状

3）石膏绷带覆盖双肩（图4-18-10）。将4～6层石膏绷带浸湿后覆盖双肩，前面应超过肋弓，后面应超过肩胛骨下缘，待石膏绷带硬化后再进行下一步操作。

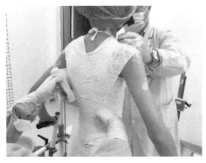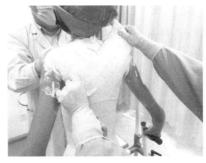

图4-18-10　石膏绷带覆盖双肩

4）将另一4～6层石膏绷带经两侧腋下呈"8"字形缠绕。（图4-18-11）

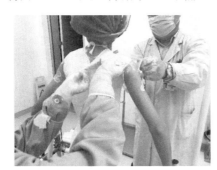

图4-18-11　石膏绷带经两侧腋下呈"8"字形缠绕

5）继续缠绕石膏绷带，填充空隙。用手将石膏绷带表面石膏浆抹均匀，同时塑出胸大肌肌腱的形状。腋窝的塑型很重要，取型时矫形器师应将手指伸直，双手下缘略分开，同量嘱患者收紧肩胛，内收上臂（图4-18-12）。之后调整患者的姿势并塑出背阔肌肌腱形状。

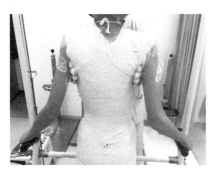

图4-18-12　腋窝塑型

6）画剪裁线。待石膏绷带硬化后，用石膏脱色笔画出前侧和肩部裁剪线。（图4-18-13）

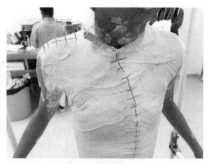

图 4-18-13　画出前侧及肩部裁剪线

7）剪开石膏阴型。用石膏剪剪开石膏阴型（注意石膏剪不要触及患者腹部），取下石膏阴型，用石膏绷带封闭下口。（图 4-18-14、图 4-18-15）

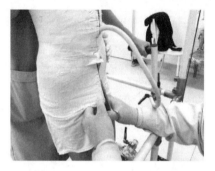

图 4-18-14　剪开石膏阴型　　　　　图 4-18-15　封闭石膏阴型下口

六、修型（以"S"形，胸椎右凸、腰椎左凸为例）

（一）石膏阴型调整

1）修剪石膏阴型底端。

2）画出髂后上棘连线，确认其与水平面平行。

3）根据患者脊柱侧凸类型，画出石膏阴型的切割线。（图 4-18-16）

4）画出两侧髂嵴的连线，使之与髂后上棘连线平行；从两侧髂嵴最高点向髂后上棘连线中点各画一条连线，再从髂后上棘连线中点做一条垂线。

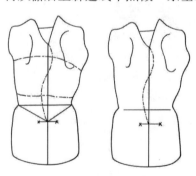

图 4-18-16　石膏阴型切割线

5）根据患者脊柱侧凸程度，沿事先确定好的阴型切割线将石膏阴型切开。

6）将事先准备好的木楔块插入侧面切开处，并调整至合适的角度。（图 4-18-17）

7）用石膏绷带对切开处进行缠绕封闭，准备灌注石膏浆制成阳型。

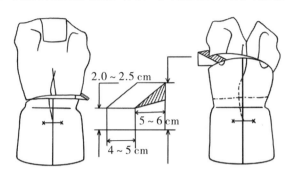

图 4-18-17　调整角度

（二）石膏阳型修型

1. 修型原则

1）根据患者脊柱侧凸的程度、躯体的柔韧性确定施加矫正力的大小及受力面积。

2）施加矫正脊柱侧凸的矫正力。有两种矫正力施加方法：①在曲线的两端施加轴向拉张力；②在曲线顶端施加水平方向的推压力。（图 4-18-18）

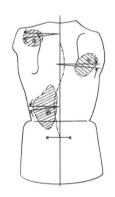

图 4-18-18　矫正力施加示意图

不论使用何种方法，有效地矫正取决于所用力的大小和与这个力垂直力矩的乘积，即弯曲力矩。弯曲力矩越大，矫正也越多。在达到同样畸形矫正的情况下，力矩越长，所需的矫正力就越小。因此，畸形较小的曲线，其水平方向力矩较短，而轴向力矩较长，故只需较小的水平向矫正力就能使之矫正，而施加轴向矫正力就需用较大的力。反之，对畸形较大的曲线，其水平向力矩较长而轴向力矩较短，故只需较小的轴向矫正力就能使之矫正，而施加水平向矫正力就需较大的力。根据以上原理，小于 45°的畸形，以施加水平向矫正力为宜；大于 45°的畸形，则以施加轴向矫正力为宜。合并使用轴向和水平向两种矫正力，对任何脊柱侧凸的矫正都会有利。

3）石膏阳型的削减和添补。以"S"形，胸椎右凸、腰椎左凸为例，其石膏阳型削减添补示意图如图 4-18-19 所示。

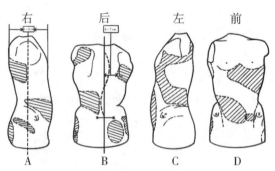

右　　　　后　　　　左　　　　前

A　　　　B　　　　C　　　　D

A. 石膏阳型的右侧面，显示胸部压力垫及腰部窗口延伸的位置；B. 石膏阳型的背面，显示肩部、胸部、腰部、臀部压力垫的位置；C. 石膏阳型的左侧面，显示腰部、腋下压力垫和胸部窗口的位置；D. 石膏阳型的正面，显示左胸下部、腹部压力垫的位置。

图 4-18-19　石膏阳型削减添补示意图

注：黑框部为削减区，白色部为添补区。

2. 石膏阳型的削减

1）腹部的削减（图 4-18-20）。从脊柱侧凸矫形器的矫正原理来讲，腹部的压力区是矫形器发挥矫正作用的基础。通过向腹部施加压力可使腰椎生理前凸消除，为矫正脊柱的水平扭转创造条件。腹部的压力使患者呼吸主要在胸腔进行，这是色努矫形器利用呼吸作用来矫正脊柱侧凸的一个很重要的原因。腹部压力区对稳定矫形器的基座（骨盆腔体）来讲也是很重要的。对石膏阳型腹部的削减，上至肋弓下缘，下至耻骨联合上方，整个形状从侧面看，肋弓下缘至耻骨上方为弧面过渡，弧面的最低点位于两侧髂前上棘连线下方 2cm 左右。

图 4-18-20　腹部的削减

2）左胸下部的削减（图 4-18-21）。左胸下部的压力区对应于胸右后侧主压力区。如果以脊柱为轴心的话，必定形成一个力偶才容易使轴转动。压力区应修成逐渐往上过渡的斜面，一般要压住第九、第十肋骨。

图 4—18—21　左胸下部的削减

3）两侧髂腰的削减（图 4—18—22）。髂腰为髂嵴上部的软组织，两侧髂腰修型的好坏与矫形器的基座稳定性有直接关系。髂腰部的削减，既要考虑矫形器的稳定性，也要考虑肌肉组织的承受能力。应按照髂嵴的走向，与矢状面约成 55°夹角的方向，用圆石膏锉水平向内、向后锉，髂腰部一般要削减 2～3cm。

图 4—18—22　两侧髂腰的削减

4）两侧锁骨下的削减（图 4—18—23）。削减锁骨下形成压力垫是为了矫正胸后压力垫作用造成的胸椎后凸曲度增加，主要削减右肩锁骨下方的压力垫压力区，左肩锁骨下方的压力垫不应产生压力，但两侧压力垫要同时起到使胸椎上部伸直的作用。压力垫可直接作用到锁骨上，但高度不能超过肩平面，压力垫下方的削减要考虑胸部发育情况。

图 4—18—23　两侧锁骨下的削减

5）两侧腋下的削减（图 4—18—24）。左侧腋下是矫正脊柱胸椎侧凸的重要压力区，一般要削去 2～3cm。同时还要考虑腋下压力垫对腋部的支撑力，使患者感觉到左腋下既有往右推的力，又有往上拉伸的力。

图 4-18-24　两侧腋下的削减

6）臀部的削减（图 4-18-25）。施加臀部区域的压力是为了保证躯干腰椎部的伸直，同时增强基座的稳定性。由于臀部软组织较厚，一般可削减 2～3cm。

图 4-18-25　臀部的削减

7）两侧股骨大转子上部的削减（图 4-18-26）。两侧股骨大转子上部需削减一些石膏，其作用是保持矫形器基座在额状面上的稳定性。同时该区也是矫正腰椎侧凸的对应压力区。一般右侧需削减多一些，但不能让股骨大转子受压。

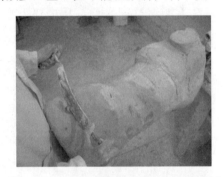

图 4-18-26　两侧股骨大转子上部的削减

8）胸右后侧的削减（图 4-18-27）。胸右后侧是矫正脊柱胸椎部侧凸和扭转的主压力区。修型时压力垫的形状应符合脊柱侧凸最凸点及肋骨的走向，一般至少覆盖 5 个椎体的范围。通过压力垫的作用，既要把脊柱侧凸部位向对侧推（侧凸矫正），又要往前推（水平扭转矫正），产生一种综合性的、两个方向的作用力。

图 4-18-27　胸右后侧的削减

9）左腰椎后侧的削减（图 4-18-28）。腰椎后侧是矫正腰椎侧凸的主压力区，由于腰椎无肋骨，压力垫可直接作用于脊椎横突，一般是对侧凸一侧的腰椎后侧进行削减，削去 2cm 左右的厚度，凹陷处边缘应以斜面过渡。针对腰椎左凸的患者，主要进行左腰椎后侧的削减。

图 4-18-28　左腰椎后侧的削减

10）肩胛骨的削减（图 4-18-29）。左肩胛骨设置压力区用于矫正肩轴线偏斜，该区和前面右锁骨下压力垫形成对应力，肩胛骨部位的压力垫范围以能压住一半肩胛骨为宜，位置太高会影响躯干的伸直。

图 4-18-29　肩胛骨的削减

3. 石膏阳型的添补

按添补原则来讲，所有压力垫相对应的位置都应进行石膏添补，以便形成压力释放的空间，对于一些开窗部位，则需多添补些石膏，以便形成过渡翻边。这样，一方面不会挤压软组织，另一方面可以增加矫形器的强度。此外，一些添补部位为骨突部的免压区和一些肌腱的免压区。

1）胸上部的添补（图4-18-30）。为了保证患者胸部的正常发育和呼吸，需在胸部乳房上方进行石膏添补并过渡成斜面。（一般男性患者添补3cm，女性患者添补4~5cm）。

图4-18-30　胸上部的添补

2）胸右下方的添补（图4-18-31）。在胸右下方处根据胸右后侧主压力区的位置，留出一定的空间，以释放来自主压力垫的作用力。

图4-18-31　胸右下方的添补

3）髂前上棘和髂嵴的添补。髂前上棘和整个髂嵴的骨突部位不能受压，一般在两侧髂前上棘添补石膏1.5~2.0cm（图4-18-32），然后沿髂嵴往后添补并逐渐减薄。患者在坐位时，骨盆会发生少量前倾，髂嵴部的适当添补可使该部位不会和矫形器腔体产生挤压。

图4-18-32　髂前上棘部位的添补

4）左胸廓背侧的添补（图4－18－33）。此处添补石膏作为右胸后侧压力区的压力释放区。

图4－18－33　**左胸廓背侧的添补**

5）右腰背侧的添补（图4－18－34）。右腰背侧是相对于腰椎后侧压力区的压力释放区，根据情况可选择开窗或不开窗，添补时应考虑厚度，添补完成后应用砂网将石膏阳型表面打磨光滑。

图4－18－34　**右腰背侧的添补**

6）肌肉通道的添补（图4－18－35）。修整石膏阳型表面，在适当部位添补肌肉通道。

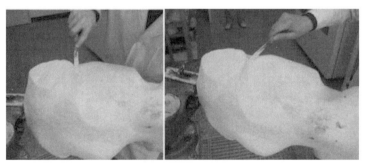

图4－18－35　**肌肉通道的添补**

7）胸部窗口的添补（图4－18－36）。用石膏添补出胸部窗口形状，并将石膏阳型进行精细处理，套两层纱套准备高温热塑成型。

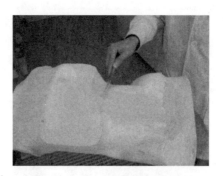

图 4-18-36 胸部窗口的添补

七、热塑成型

1) 按测量尺寸裁剪聚乙烯板材。将聚乙烯板材放在平板加热器里加热软化后取出（图 4-18-37、图 4-18-38）。操作注意事项：注意板材的下料方向，热塑聚乙烯板材的链性方向的下料尺寸应为矫形器的围长尺寸，以便于热塑成型。

图 4-18-37 按测量尺寸裁剪聚乙烯板材

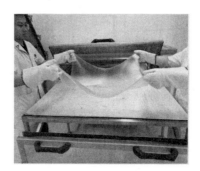

图 4-18-38 加热软化聚乙烯板材

2) 将加热好的聚乙烯板放在石膏阳型上进行抽真空成型（图 4-18-39），密封后迅速将多余的材料剪掉。

图 4-18-39 抽真空成型

3) 待聚乙烯板材冷却后，画出裁剪线（图 4-18-40）：

(1) 矫形器正面开口约 6cm。

（2）矫形器侧面边缘不得压迫股骨大转子。

（3）矫形器背面下缘最低点与板凳平面保持 2～3cm 的距离。

（4）矫形器前面下口边缘最低点在耻骨联合上 2cm。

（5）矫形器前面下口腹股沟处边缘在髂前上棘下 3～5cm。

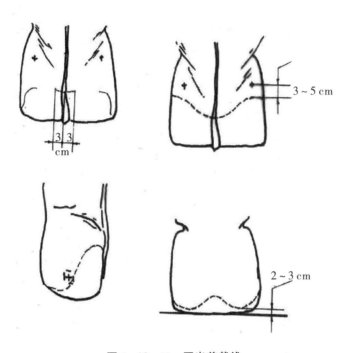

图 4-18-40　画出剪裁线

4）用石膏振动锯沿裁剪线切割。（图 4-18-41）

5）将切割后的矫形器半成品用铣刀进行加工后，再用橡胶磨头将矫形器边缘打磨光滑。（图 4-18-42）

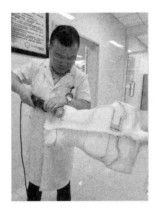

图 4-18-41　沿裁剪线切割　　　图 4-18-42　打磨矫形器边缘

6）用厚 1mm 的聚乙烯板材制作一衬板，并用铆钉将衬板与矫形器连接在一起。（图 4-18-43、图 4-18-44）

图 4-18-43　制作衬板

图 4-18-44　铆钉铆接

7）嘱患者穿戴脊柱侧凸（色努）矫形器，进行适配检查。（图 4-18-45～图 4-18-49）

（1）嘱患者取站立位，利用激光对线仪检查穿戴矫形器后脊柱力线是否正常。

（2）检查额状面两侧肩峰是否处在同一水平位。

（3）在矢状面观察是否有凹背和腰椎过度前凸。

（4）在背面观察第七颈椎是否与臀中沟在同一直线内，两侧肩峰是否处在同一水平位。

（5）询问患者对背侧胸压力垫和腰部压力垫的感觉。

（6）检查释放压力窗口的位置是否符合要求。

（7）窗口边缘与身体的接触情况（窗口边缘不得挤压皮肤和软组织）。

（8）检查矫形器背部上边缘的压力和边缘裁剪是否符合要求。

（9）检查锁骨下两侧压力垫位置和服帖情况。

（10）检查两侧腋下的高度及受力情况。

（11）检查腹部压力垫上缘是否压迫肋骨。

（12）检查患者取坐位时矫形器后面下端边缘距座椅平面的距离是否符合要求。

（13）检查矫形器前面腹部下缘是否压迫耻骨联合，是否压迫股直肌。

（14）检查矫形器前面腹部下缘是否压迫髂前上棘。

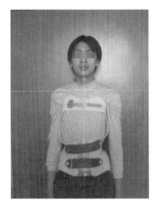

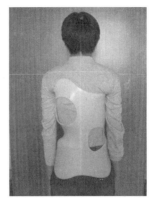

图 4-18-45　站立位检查

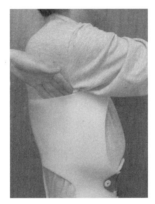

图 4-18-46　检查胸部、腋下及腹部受力

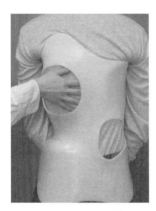
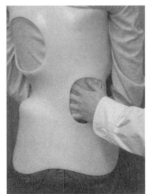

图 4-18-47　检查窗口边缘与身体的接触情况

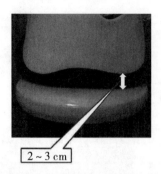

图4—18—48　检查矫形器后面下端边
缘距座椅平面的距离（2～3cm）

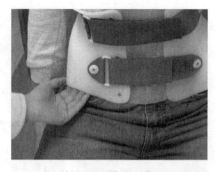

图4—18—49　检查矫形器前面是否压迫髂前上棘

第五篇

低温热塑矫形器的制作

第十九章　低温热塑板材概述

低温热塑板材是特殊合成的高分子聚酯经一系列物理和化学方法处理而成的新型高分子材料。在室温（10℃～30℃）环境中，高分子处于稳定状态，在65℃～70℃水中加热1～3分钟后软化，在室温下3～5分钟可固化，具有重量轻、强度高、透气性能好、不怕水、透X线、无毒、无味、对皮肤无刺激等特点，并且具有生物降解能力，是一种新型的环保材料。

常用的低温热塑板材可分为记忆性板材和非记忆性板材两大类。在临床中，根据具体的制作需求可选择不同厚度及网孔密度的低温热塑板材。

一、记忆性板材

记忆性板材（图5-19-1）加热软化后可恢复到原本的形状，可进行二次塑型，主要用于成人上肢、儿童上下肢、骨折术后、烧伤整形、软组织损伤及腱鞘炎等的固定。

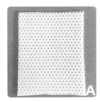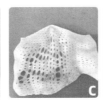

A. 常温下呈固态；B. 加热后透明、软化；C. 牵拉变形；D. 再加热可复原

图5-19-1　记忆性板材

（一）优点

1）记忆性板材加热后呈透明状，矫形器师在患者肢体上塑型时可以明显看到骨性标记点和皮肤状况，以避免矫形器对肢体局部造成压迫。

2）可塑性极强。板材软化后，在重力的作用下即可与肢体自然帖服，可塑性极强，不需要施加外力，避免了因局部按压而引起的局部压力过大，非常适合疼痛部位及上肢小关节等复杂部位矫形器的制作。

3）具有记忆性。塑型过的板材重新放入热水中后，可恢复到塑型前的平整状态，能再次在患肢上塑型，有利于根据患者病情变化随时调整矫形器。

（二）缺点

1）抗牵拉性差，牵拉或按压容易造成板材形态的改变，容易留下手指压痕。
2）硬度较低，适合用作小范围或上肢小关节部位矫形器的制作。

二、非记忆性板材

非记忆性板材（图5-19-2）可塑性强，强度较记忆性板材高，主要用于对强度有要求的抗痉挛矫形器、大部位及上下肢矫形器的制作。

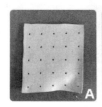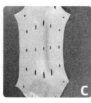

A. 常温下呈固态；B. 加热后软化；C. 牵拉变形；D. 再加热无法复原

图5-19-2 非记忆性板材

（一）优点

1）强度高，适合制作对强度有要求的抗痉挛矫形器、大部位及上下肢矫形器。
2）抗牵拉性好，牵拉或按压不容易造成矫形器形态改变，不容易留下手指压痕。

（二）缺点

1）加热后不透明，看不到肢体状况，多用于无创伤部位。
2）塑形性较差，需要矫形器师运用手部外力加以塑型，不适用于结构较复杂部位。
3）无记忆性，不能重复塑型或更改矫形器。

三、低温热塑板材在制作矫形器上的优缺点

（一）优点

1）低温热塑板材加热后可以直接放在患者身上塑型，可以根据患者的不同固定需求进行局部免压。
2）制作方便快捷，制作一个低温热塑矫形器只需0.5~1.0小时。
3）低温热塑板材制作的矫形器成型温度低，可塑性强，可以根据患者病情变化随时调整矫形器。

4）相较于传统石膏固定，低温热塑板材制作的矫形器穿戴更加方便、质量轻、透气性好、拆卸方便、便于清洁。

（二）缺点

材料不能达到无菌，因此不能直接与创面接触。

第二十章　腕手矫形器的制作

一、手休息位矫形器

（一）目的

手休息位矫形器用于保持腕、手和手指在休息或特定的位置。

（二）适应证

手休息位矫形器适用于外周神经麻痹、弛缓性偏瘫、创伤后的肌腱损伤等。

（三）制作流程

1）材料和工具准备（图5-20-1）：纸、笔、剪刀、强力剪、低温热塑板材、恒温水箱、魔术贴。

图5-20-1　材料和工具准备

2）绘制纸样，裁剪板材。先在纸上描出患者腕手部图样，画出掌横纹与腕横纹，再将掌指部分向外延伸1.0~1.5cm，前臂部分向外延伸2~3cm画出图样（图5-20-2），画好纸样后根据纸样剪裁好低温热塑板材，放入恒温水箱中加热。

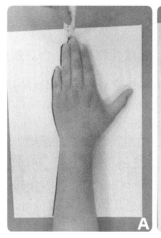 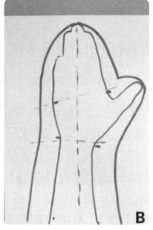

A. 描出腕手部图样　　　B. 向外延伸画出图样

图 5-20-2　绘制手功能位纸样

3）加热后塑型（图 5-20-3）。低温热塑板材放入恒温水箱中加热软化后取出，去除表面水分，将软化后的板材置于腕手部，塑出腕掌部形状，并保持腕关节处于休息位。

4）修剪、打磨及装配。待低温热塑板材冷却定型后，用强力剪剪去多余部分，并将边缘用打磨机打磨光滑，然后用魔术贴固定。

5）适配（图 5-20-4）。让患者穿戴矫形器，检查适配情况，注意检查患者穿戴后是否有明显压痛点，局部有无卡压。

 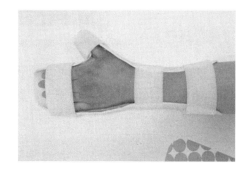

图 5-20-3　加热后塑型　　　　　**图 5-20-4　适配**

二、手功能位矫形器

（一）目的

手功能位矫形器用于保持腕关节处于功能位，使拇指呈对掌位，手指及掌指关节呈屈曲位，预防及矫治腕关节屈曲挛缩畸形及虎口粘连。

（二）适应证

手功能位矫形器适用于外周神经麻痹、弛缓性偏瘫、创伤后肌腱损伤、烧伤后恢复等。

（三）制作流程

1）材料和工具准备：纸、笔、剪刀、强力剪、低温热塑板材、恒温水箱、魔术贴。

2）绘制纸样，裁剪板材。在纸上描出患者腕手部图样，并画出掌横纹及腕横纹，过食指及中指指缝做延长线，再过虎口做该延长线的垂线，两线的交点记作 A 点；手腕桡侧与腕横纹的交点为 B 点，将掌指部分向外延伸 1.0～1.5cm，前臂部分向外延伸2～3cm，画出图样，再过 A、B 两点画出大拇指位置（图 5－20－5）。画好纸样后根据纸样剪裁好低温热塑板材，放入恒温水箱中加热。

图 5－20－5　绘制手功能位纸样

3）加热后塑型（图 5－20－6）。将低温热塑板材放入恒温水箱中加热软化后取出，去除表面水分，将软化后的板材置于手腕部，塑出腕掌部及虎口形状，并保持腕关节处于功能位。

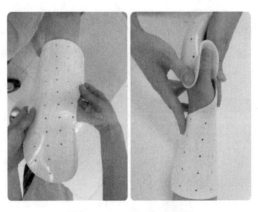

图 5－20－6　加热后塑型

4）修剪、打磨及装配。待低温热塑板材冷却定型后，用强力剪剪去多余部分并将边缘用打磨机打磨光滑，然后用魔术贴固定。

5）适配（图5-20-7）。让患者穿戴矫形器，检查适配情况，注意检查患者穿戴后是否有明显压痛点，局部是否存在卡压。

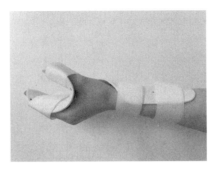

图5-20-7　适配

三、腕关节矫形器

（一）目的

腕关节矫形器用于保持腕、掌处于休息位、功能位或特定的位置。

（二）适应证

腕关节矫形器适用于腕关节韧带损伤、软组织损伤、腕骨骨折、尺桡骨远端骨折、迟缓性神经麻痹（桡神经、多发性肌炎等）、腕管综合征等。

（三）制作流程

1）材料和工具准备：纸、笔、剪刀、强力剪、低温热塑板材、恒温水箱、魔术贴。

2）绘制纸样，裁剪板材。在纸上描出患者腕手部图样并标出掌横纹及腕横纹位置，过食指根部桡侧掌横纹及桡侧腕横纹做连线，并于连线中部画一个1.5cm左右水滴形的孔，再将掌横纹两侧向外延伸0.5cm，前臂部分向外延伸2~3cm画出图样（图5-20-8）。画好纸样后根据纸样剪裁好低温热塑板材，放入恒温水箱中加热。

图 5-20-8　绘制手功能纸样

3）加热后塑型（图 5-20-9）。将低温热塑板材放入恒温水箱中加热软化后取出，去除表面水分，将软化后的板材置于手腕部，塑出腕掌部形状，将掌部多余部分折叠，以不影响掌指关节活动为准，并根据临床需要保持腕关节处于休息位或功能位。

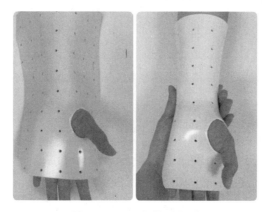

图 5-20-9　加热后塑型

4）修剪、打磨及装配。待低温热塑板材冷却定型后，用强力剪剪去板材多余部分并将边缘用打磨机打磨光滑，然后用魔术贴固定。

5）适配（图 5-20-10）。让患者穿戴矫形器，检查适配情况，注意检查患者穿戴后是否有明显压痛点，局部是否存在卡压。让患者握拳，检查是否影响掌指关节活动。

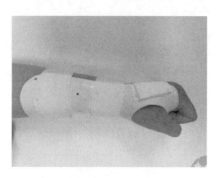

图 5-20-10　适配

四、腕手伸展矫形器

（一）目的

腕手伸展矫形器用于防止及矫治手掌屈曲挛缩畸形，辅助伸直掌指关节及指尖关节。

（二）适应证

腕手伸展矫形器适用于手指伸肌腱损伤修复术后的功能锻炼，一般在伸肌腱修复术后4～6周开始使用，预防及矫正手掌屈曲挛缩畸形。

（三）制作流程

1）材料和工具准备（图5－20－11）：钢丝、弹簧、指套、螺丝、剪刀、强力剪、低温热塑板材、恒温水箱、魔术贴。

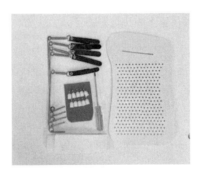

图5－20－11　材料和工具准备

2）加热后塑型（图5－20－12）。低温热塑板材放入恒温水箱中加热软化后取出，去除表面水分，将软化后的板材置于手腕部背侧，除大拇指外，其余四指穿过板材顶部预留的缝隙，然后将掌侧板材翻折至掌横纹以下，以保证掌指关节屈曲活动不受限，再于背侧塑出腕臂形状。

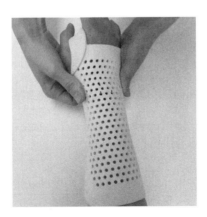

图5－20－12　加热后塑型

3）修剪、打磨及装配（图 5—20—13）。待板材冷却定型后，取下矫形器，用强力剪将多余部分板材剪去，边缘打磨光滑，再根据手部受损情况，确定好钢丝的长度及固定位置，沿掌骨方向用螺丝固定钢丝，钢丝装配完成后再用魔术贴固定。

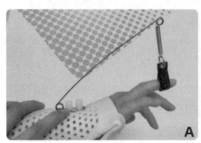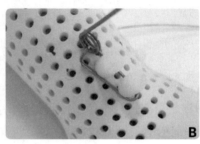

A. 确定长度   B. 螺丝固定

图 5—20—13　修剪、打磨及装配

4）适配（图 5—20—14）。让患者穿戴矫形器，检查适配性，注意检查患者穿戴后是否有明显压痛点，局部是否存在卡压，弹簧拉力是否合适，钢丝长度是否适中，后期可根据患者肌力情况调节弹簧及钢丝长度以调节弹力大小，帮助患者进行功能训练。

图 5—20—14　适配

五、腕手屈曲矫形器

（一）目的

腕手屈曲矫形器用于防止及矫治手背屈曲挛缩畸形，辅助屈曲掌指关节及指尖关节。

（二）适应证

腕手屈曲矫形器适用于手指屈肌腱损伤修复术后的功能锻炼，一般在屈肌腱修复术后 4~6 周开始使用，预防及减轻肌腱粘连、关节僵硬等问题。

（三）制作流程

1）材料和工具准备（图5-20-15）：指套、弹力绳、螺丝、剪刀、强力剪、低温热塑板材、恒温水箱、魔术贴。

2）加热后塑型（图5-20-16）。将低温热塑板材放入恒温水箱中加热软化后取出，去除表面水分，将软化后的板材置于手腕部掌侧，塑出掌侧腕臂形状，并将掌横纹及大鱼际肌处板材向外翻转，以不影响掌指屈曲为准，最后将板材翻折至手掌背侧塑型形状。

 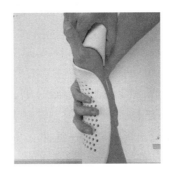

图5-20-15　材料和工具准备　　　图5-20-16　加热后塑型

3）修剪、打磨及装配。待板材冷却定型后，取下矫形器，将多余部分剪去，边缘打磨光滑，根据手部受损情况，确定弹力绳的长度及固定位置后，用螺丝固定，装订弹力绳，完成后再用魔术贴固定。

4）适配（图5-20-17）。让患者穿戴矫形器检查其适配情况，注意检查患者穿戴矫形器后是否有明显压痛点，局部是否存在卡压，弹力绳拉力是否合适，弹力绳长度是否适中。后期可根据患者肌力情况调节弹力绳位置以改变拉力大小，帮助患者进行功能训练。

图5-20-17　适配

六、分指板

（一）目的

分指板用于防止及矫治腕手部挛缩畸形。

（二）适应证

分指板适用于脑卒中后偏瘫、脑瘫、四肢瘫等手痉挛患者，用于预防及矫正手部屈曲挛缩畸形。

（三）制作流程

1）材料和工具准备：纸、笔、剪刀、强力剪、低温热塑板材、恒温水箱、魔术贴。

2）画纸样、裁剪板材。让患者将五个手指完全伸展开，先在纸上描出患者腕手部图样，再画出指尖部向外延伸 0.5cm、过各个指尖部，掌部向外延伸 1.0～1.5cm，前臂部向外延伸 2～3cm 的平滑曲线（图 5－20－18）。画好纸样后根据纸样剪裁好低温热塑板材，放入恒温水箱中加热。

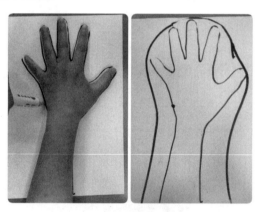

图 5－20－18　画纸样

3）加热后塑型（图 5－20－19）。低温热塑板材放入恒温水箱中加热软化后取出，去除表面水分，将软化后的板材置于腕手部，将患者每个手指均匀分开，手指处于微屈状态，塑出手指形状，并保持腕关节处于功能位。

4）修剪、打磨及装配（图 5－20－20）。待低温热塑板材冷却定型后，用强力剪剪去多余部分，并将边缘用打磨机打磨光滑，然后用魔术贴固定。

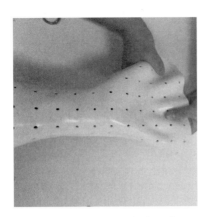

图 5—20—19 加热后塑型

图 5—20—20 分指板修剪、
打磨及装配

5）适配。让患者穿戴矫形器，检查适配情况，注意检查患者穿戴后是否有明显压痛点，局部是否存在卡压。

第二十一章　头颈胸矫形器的制作

一、制作前的准备

（一）材料和工具准备

头颈胸矫形器的工具和材料准备包括纱套、激光对线仪、笔、剪刀、强力剪、低温热塑板材、恒温水箱、魔术贴。

（二）患者准备

患者穿取型衣平躺在治疗床上，用激光对线仪将患者摆正，将头偏向健侧。（图5-21-1）

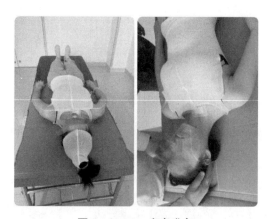

图 5-21-1　患者准备

二、前片塑型

（一）低温热塑板材准备

取适量长度及宽度的低温热塑板材，置于恒温水箱中软化，将软化的板材取出，用毛巾吸干表面的水分（图5-21-2）。

图 5-21-2　**软化低温热塑板材**

（二）塑型

1）下颌塑型（图 5-21-3）。将准备好的板材放在患者下颌以下部位，上端抵住下颌，进行下颌塑型。

图 5-21-3　**下颌塑型**

2）颈部及胸部塑型（图 5-21-4）。板材上方的两角向床面压，使板材尽量服帖在患者颈部，将板材下方的两角向床面压，使板材的下端尽量与患者胸部服帖，同时应注意不要将颈部形成的自然褶皱拉平。

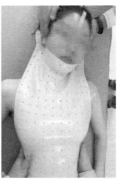

图 5-21-4　**颈部及胸部塑型**

3）将颈部自然形成的褶皱抚顺，形成较美观的"V"字形，同时"V"字形可起到加强颈部支撑的作用（图 5-21-5）。

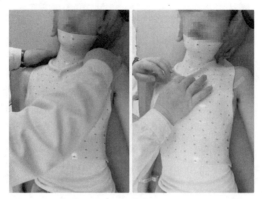

图 5-21-5 颈部 "V" 字形

4) 检查矫形器前片是否有不平整处，有则在板材未完全冷却固化前将其整理抚顺。

三、前片剪裁

1) 等板材冷却固化后，在前片上画出裁剪线。（图 5-21-6）

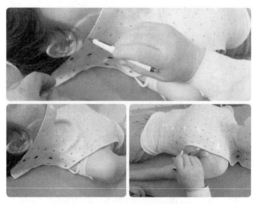

图 5-21-6 画出裁剪线

2) 将已冷却且画好剪裁线的矫形器前片取下，并用强力剪沿着剪裁线将多余材料剪掉。（图 5-21-7）

图 5-21-7 剪掉多余材料

3）将剪好的矫形器前片四周边缘用热风枪吹软或将其置于恒温水箱中软化，软化后用手指将其边缘进行翻边处理。（图 5-21-8）

图 5-21-8 边缘翻边处理

四、后片塑型

1）将四周边缘处理好的矫形器前片重新放置于患者身上，并将软化后的大小合适的聚乙烯板软化后置于患者背侧，聚乙烯板的上缘应包住患者头的大部分，下缘应与前片下端平齐或略超出。

2）将后片腋下两侧拉出贴在前片上，同时注意用手将前片固定在合适位置，不可来回移动。（图 5-21-9）

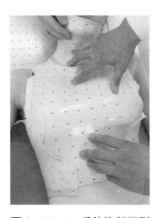

图 5-21-9 后片胸部塑型

3）将后片上端两角拉出合在一起，进行头部塑型。（图 5-21-10）

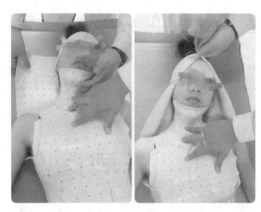

图 5-21-10　后片头部塑型

4）将颈部两侧后片拉出合在一起，进行颈部塑型。（图 5-21-11）

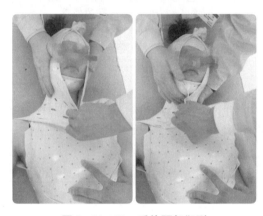

图 5-21-11　后片颈部塑型

5）充分利用手微屈时掌侧和背侧的弧度塑出颈部弧度，使板材颈部位置尽量与颈部服帖。（图 5-21-12）

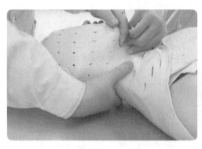

图 5-21-12　塑出颈部弧度

6）用热风枪加速后片颈部冷却定型。（图 5-21-13）

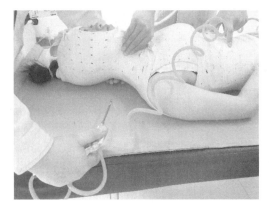

图 5-21-13　颈部冷却定型

五、后片剪裁

1）等板材冷却后，在板材上画出裁剪线。（图 5-21-14、图 5-21-15）

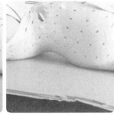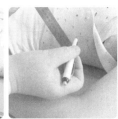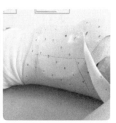

图 5-21-14　画健侧裁剪线

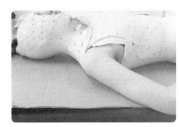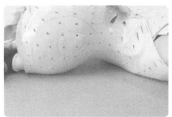

图 5-21-15　画患侧裁剪线

2）画好裁剪线后，用强力剪剪开粘合处。（图 5-21-16）

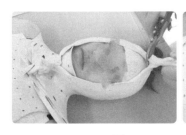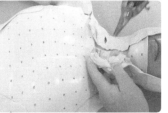

图 5-21-16　剪开粘合处

3）将定型后的矫形器后片取出。（图 5-21-17）

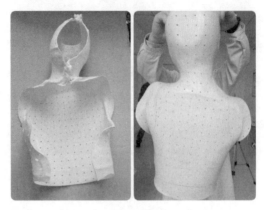

图 5-21-17　取出后片

4）将取出后的后片沿着裁剪线进行修剪。（图 5-21-18）

5）将矫形器后片头部及其他不平整处加温软化后进行调整，使其平滑自然。（图 5-21-19）

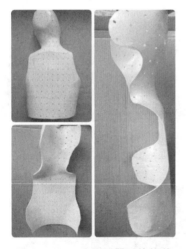

图 5-21-18　矫形器后片修剪　　　　图 5-21-19　软化调整

六、打磨、组装、适配

1）打磨前、后片，在合适位置装订上魔术搭扣带。（图 5-21-20）

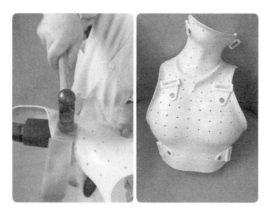

图 5-21-20　**打磨装订**

2）让患者戴上矫形器，检查适配情况，应注意检查是否存在局部卡压，肩关节活动是否受到影响。（图 5-21-21）

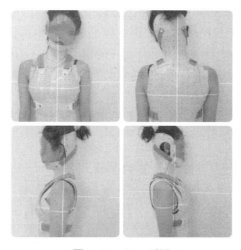

图 5-21-21　**适配**

第二十二章　髋部矫形器的制作

一、制作前的准备

1）材料和工具准备：强力剪、美工刀、卷尺、直尺、圆珠笔、纱套、热风枪、磨床、恒温水箱、低温热塑板材、纱网、魔术搭扣带、子母钉、钉锤、剪刀。

2）画图纸：用卷尺测量脐水平面腰围、臀围、大腿根部围长、脐水平面至大腿根部的距离、脐水平面至膝关节下方的距离，并将数据标注在图纸上。

3）套纱套：用剪刀剪适当长度的大腿纱套，将患者需固定的下肢（患肢）套入纱套。

4）患者准备（图5-22-1）：将患者上半身摆正，健侧下肢充分外展，患肢置于需固定体位。

图5-22-1　患者准备

5）根据测量数据及图纸在低温热塑板材上画出裁剪线，根据画好的裁剪线用美工刀及强力剪裁剪相应尺寸的低温热塑板材。

二、塑型

1）软化低温热塑板材：将裁剪好的低温热塑板材放入恒温水箱中软化，此时应注意用纱网防止软化后的低温热塑板材粘在一起。

2）抬起患者，将软化后的低温热塑板材放入患者臀下适当位置，恢复患者至准备体位，先将低温热塑板材腰部两侧边缘粘合在一起，再将患侧大腿处两侧边缘粘合在一

起，并抚平不平整的地方，等待低温热塑板材冷却。（图 5-22-2）

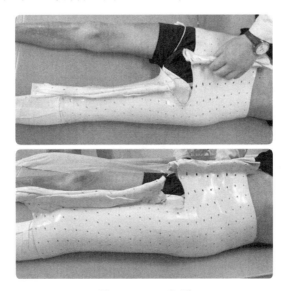

图 5-22-2　塑型

三、剪裁、打磨

1）在板材上画出剪裁线（图 5-22-3），并用强力剪将冷却后的板材剪开，然后取下，根据画的剪裁线将多余的板材剪掉（图 5-22-4）。

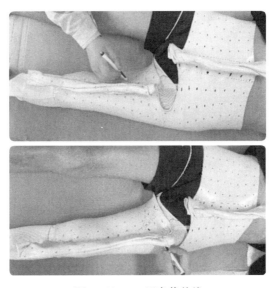

图 5-22-3　画出裁剪线

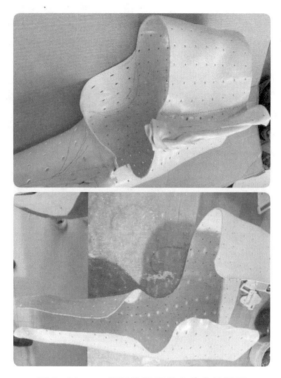

图 5-22-4 根据裁剪线剪去多余的板材

2）待边缘冷却后再用磨床将边缘打磨光滑。用热风枪在开口边缘进行翻边处理，注意翻边过度要圆滑，不可成角。（图 5-22-5）

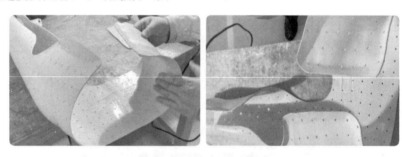

图 5-22-5 打磨、翻边

四、组装、适配

在矫形器开口两边适当位置装订魔术搭扣带，让患者进行试穿，检查其适配性。（图 5-22-6、图 5-22-7）

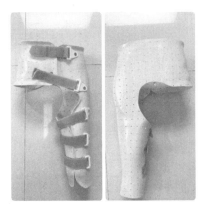

图 5—22—6　装订魔术搭扣带

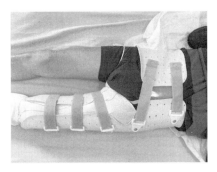

图 5—22—7　适配

第六篇

假肢矫形器的计算机辅助设计与制造

第二十三章　假肢矫形器计算机辅助设计与制造概述

假肢矫形器专业是一个典型的医工结合的专业，同时又是典型的手工业行业，假肢及大部分的矫形器需要根据患者情况进行个性化定制，上述特点决定了假肢矫形器行业工作效率偏低，患者接受的假肢矫形器定制服务质量依赖于当地假肢矫形器师的水平。如果当地没有高水平的假肢矫形器师，到外地高水平假肢矫形器师那里接受服务，需要花费更多的时间成本及差旅成本，而且给假肢矫形器使用过程中的维修调整也带来诸多不便。上述问题困扰假肢矫形器专业的发展，但计算机辅助设计与计算机辅助制造（computer aided design & computer aided manufacture，CAD/CAM）技术的应用，为解决或者部分解决上述问题带来了希望。

CAD/CAM 是随着计算机和数字化信息技术发展而形成的新技术，具有知识密集、学科交叉、综合性强等特点，是目前世界科技领域的前沿课题，被美国工程科学院评为当代做出最杰出贡献的十大工程技术之一。CAD/CAM 被广泛应用于机械、电子、航空、航天、汽车、船舶、纺织、轻工及建筑等各个领域，是数字化、信息化制造技术的基础。CAD/CAM 的推广应用不仅为制造业带来了巨大的社会效益和经济效益，还对传统产业的改造、新兴产业的发展、劳动生产率的提高、材料消耗的降低、竞争能力的增强起到了巨大的带头作用，其应用水平已成为衡量一个国家技术发展水平及工业现代化的重要标志。

20 世纪 80 年代，CAD/CAM 技术被引入假肢矫形器行业，为行业带来了先进的技术手段，促进了行业的发展。最早的 CAD/CAM 假肢矫形器应用是在患者身体上测量尺寸后输入固定的软件模型库，再修改后完成设计，早期的软件在模型三维（3D）形状设计及操作便利性上都有较大的局限性。这些问题随着 3D 扫描技术的成熟和专业设计软件的发展得到了较好的解决。

发展至今，不同的专业软件可以实现假肢、矫形器、矫形鞋垫等的便捷修型，比常用的工程软件易用性及适用性更好。有的系统可以实现在线设计，用户不用安装软件，使用浏览器进入相应的网站就可以实现假肢矫形器的设计，不用购买昂贵的软件，设计之后，需要输出才需要付费，使用成本相对较低。

假肢矫形器 CAD/CAM 首先需要导入数据，导入数据有不同的方法，可以测量尺寸，导入模型库，使用相应的模型来做设计，对于比较复杂的情况，可以使用 3D 扫描仪进行相应身体部位的扫描，将扫描数据导入设计软件进行相应的假肢、矫形器或其他个性化定制辅助器具的设计。

目前常用的扫描设备多种多样，有简易便携式 3D 扫描仪、手持 3D 激光扫描仪、手持 3D 结构光扫描仪、足底扫描仪、全足扫描仪，甚至还有扫描仓可以在 0.01 秒完成全身的 3D 扫描。

简易便携式 3D 扫描仪（图 6-23-1）的基本扫描原件是深度相机，可以同平板电脑或手机连接，进行扫描，精度满足假肢矫形器设计的技术要求，主要优点是价格比较便宜，容易携带，扫描快速便捷。

手持 3D 激光扫描仪（图 6-23-2）是将激光点或激光线投射到目标上，然后用传感器捕获其反射。由于传感器的位置与激光源的距离已知，因此可以通过计算激光的反射角来进行精确的点测量扫描，并使用磁跟踪器进行空间定位。扫描时，磁跟踪器不要离钢铁一类的金属物体太近，以免影响扫描效果。激光还有一个强大的优点，即可以在狭窄的波长范围内引导强光，因此它们几乎可以在任何环境下保持良好稳定的工作状态，3D 激光扫描仪扫描速度快、效率高。

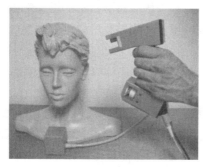 

图 6-23-1　简易便携式 3D 扫描仪　　　　图 6-23-2　手持 3D 激光扫描仪

手持 3D 结构光扫描仪（图 6-23-3）通过将光的图案投射到要扫描的对象上来工作。一个或多个传感器（或相机）与光投影仪略有偏移，它们会观察光的图案形状并计算视野中每个点的距离。扫描过程中使用的结构光可以是白色或蓝色的，并且光的图案通常由一系列条纹组成，但也可以由点矩阵光斑或其他形状组成。手持 3D 结构光扫描仪对使用环境中的光照条件比较敏感。

足底扫描仪（图 6-23-4）用于扫描足底的三维形状及足底的颜色、轮廓等信息（3D 足底扫描仪）或扫描足底的颜色、轮廓信息（2D 足底扫描仪），在此基础上进行矫形鞋垫的设计。

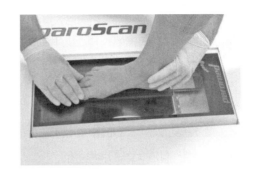

图 6-23-3　手持 3D 结构光扫描仪　　图 6-23-4　足底扫描仪

全足扫描仪（图 6-23-5）不仅可以扫描足底的三维形状，还可以扫描一部分踝关节以上小腿的三维形状，不仅可以用于设计矫形鞋垫，还可以用于设计矫形鞋。

扫描仓（图 6-23-6）可以看作很多组扫描仪同时从各个方向和部位对目标进行扫描，其最大的优点是快捷，0.01 秒就可以完成全身的扫描，不像手持 3D 扫描仪需要围绕身体的不同部位来回扫描，对于扫描姿势维持功能不佳的老年患者非常方便，有的扫描仓还可以连续扫描不同体态或动态的身体体表的 3D 信息（图 6-23-6~图 6-23-10），从而精准测量不同动作的矫正效果。

图 6-23-5　全足扫描仪　　图 6-23-6　扫描仓一

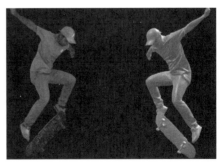

图 6-23-7　扫描仓二　　图 6-23-8　扫描仓连续扫描结果一

图 6-23-9　扫描仓连续扫描结果二　　　　图 6-23-10　扫描仓连续扫描结果三

　　扫描完成后，需要将得到的人体 3D 模型导入设计软件，通过设计软件进行平移、拉伸、修剪、填补、扭转、弯曲等一系列操作，完成假肢接受腔或矫形器的修型，修型的过程中，可以插入 X 线片进行辅助修型（图 6-23-11），有的软件还有仿真功能，能够对穿戴矫形器后的矫正效果进行仿真模拟，提高了修型的便捷性。

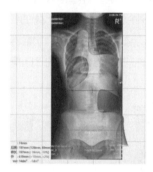

图 6-23-11　X 线片辅助修型

　　设计完成后，就进入制造加工环节，有两个途径：

　　一是 3D 打印，3D 打印是增材制造方法，将材料一点一点堆积成产品。3D 打印有不同的工艺及材料，常用的有熔融沉积成型（fused deposition modeling，FDM）、选择性激光烧结（selective laser sintering，SLS）、光固化成型（stereo lithography appearance，SLA）等工艺。FDM 成型件的表面有较明显的条纹，较粗糙，沿成型轴垂直方向的强度比较弱，需要设计与制作支撑结构。SLS 技术采用铺粉将一层粉末材料平铺在已成型零件的表面，并加热至恰好低于该粉末烧结点的某一温度，控制系统控制激光束按照该层的截面轮廓在粉层上扫描，使粉末的温度升到熔化点，进行烧结并与下面已成型的部分实现粘接。一层完成后，工作台下降一层的厚度，铺料辊在上面铺上一层均匀密实的粉末，进行新一层截面的烧结，直至完成整个模型。SLS 不需要支撑材料，因此带有中空部分的零件可以轻松、准确地完成打印，如果需要光滑的表面或水密性，SLS 零件的表面粗糙度和内部孔隙率可能需要后期处理。另外，SLS 打印机价格昂贵，使用成本高，限制了其推广及应用。SLA 技术是基于液态光敏树脂的光聚合原理工作的。这种液态材料在一定波长和强度的紫外光的照射下能迅速发生光聚合反应，分子量急剧增大，材料也从液态转变成固态。SLA 过程中，液槽中盛满液态光固化树脂，激光束在偏振镜作用下在液态树脂表面进行扫描，光点照射到的地方，液体就固化。成型开始时，工作平台在液面下一个确定的深度，聚焦后的光斑在液面上按计算机的指令进行逐点扫描固化。当一层扫描完成后，未被照射的地方仍是液态树脂，然后升降台带动平台下降一层高度，刮板在已成型的层面上又涂满一层树脂并刮平，然后进行下一层的扫描，新固化的一层牢固地粘在前一层上，如此重复，直到整个零件制造完毕，得到一个 3D 实体模型。SLA 技术的优点是精度高，可以准确表现表面和平滑的效果，材料比较脆，大多数材料没有接触皮肤的认证许可。3D 打印整体上来讲，效率比较低，打印一个脊柱侧凸矫形器一般需要几十个小时，交货周期比较长，产品加热修改调整比较困难。

DAD/CAM 的另外一个途径是 3D 雕刻，这是一种减材制造方法，将设计好的假肢接受腔或矫形器数据导入数控雕刻机，根据机器的自由度，有三轴、四轴、五轴、七轴雕刻机（图 6-23-12），雕刻机将假肢或者矫形器的模型雕刻出来，得到雕刻的阳型，在这个基础上用成熟的材料和工艺制作假肢接受腔或矫形器。雕刻一个脊柱侧凸矫形器一般不到半小时，用聚乙烯或聚丙烯成型的矫形器使用性能良好，修改调整比较简单。同 3D 打印相比，3D 雕刻效率高，使用成熟的材料，易于调整修改。

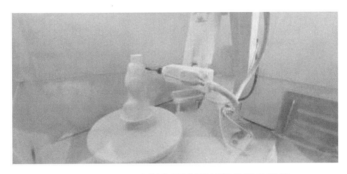

图 6-23-12　七轴机器人雕刻脊柱侧凸模型

假肢矫形器 CAD/CAM 的优点在于：减轻繁重的体力劳动；可以完成许多在石膏模型上非常困难的模型修整（如旋转、弯曲等）；标记点不会在修型过程中丢失，可借助图片、尺寸等多种形式辅助修型，更加精确；减少模型储存空间；加工过程高效快捷；可以满足临床使用不同种类矫形器及假肢的需求；可以远程服务（图 6-23-13），依托具有实力的单位实现技术资源共享，更好地服务外地患者（图 6-23-14），促进假肢矫形器服务的同质化，减少患者来回奔波产生的交通食宿费用及总支出。

图 6-23-13　远程服务模式

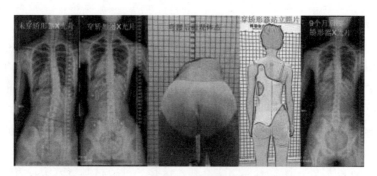

图 6-23-14　脊柱侧凸矫形器远程服务效果

　　虽然假肢矫形器 CAD/CAM 有上述优点，但是并不是使用 CAD/CAM 技术就一定得到好的结果，CAD/CAM 只是一种技术手段，最终的效果还是取决于假肢矫形器师，假肢矫形器师的专业性是第一位的，同时也需要一个转型的过程，切莫本末倒置，过于夸大技术的作用。

第二十四章　假肢计算机辅助设计与制造

　　传统的假肢接受腔通常由假肢矫形器师根据截肢患者残肢的形状制作，因此假肢接受腔的适配程度更多取决于假肢矫形器师的技能水平，而不是客观的标准。近年来，计算机辅助设计与制造（CAD/CAM）技术在假肢制作过程中得到了广泛应用，通过将截肢患者的残肢数据输入计算机，假肢制作加工中心可进行远程制作，有效解决偏远地区截肢患者装配假肢的问题。同时假肢矫形器师可通过使用计算机辅助设计假肢接受腔将患者信息及制作过程进行详细的记录，提升准确性，提高工作效率，为患者的后续假肢更换提供参考。

　　本章将分别通过数据测量和 3D 扫描的方法来对大腿假肢和小腿假肢的 CAD/CAM进行介绍。

一、大腿假肢计算机辅助设计与制造

　　大腿假肢接受腔的计算机辅助设计与制造通常采用将测量数据传送到假肢加工中心的方式。具体步骤如下。

　　（一）尺寸测量

　　精准的测量尺寸是大腿假肢合理应用 CAD/CAM 的前提与保障，也是获取残肢特征的重要环节。在测量时需统一尺寸表，执行规范标准性测量流程，指导患者健侧骨盆保持水平站立，残肢后伸并内收。

　　1）测量围长：使用皮尺，先经由坐骨结节水平测量残肢围长，再向下方保持一定的间隔测量残肢围长，直至残肢末端。

　　2）测量宽度：患者取站立位，应用卡尺测量坐骨支到股骨大转子下的宽度；测量坐骨结节下到股骨大转子下的宽度；测量臀纹水平面的前后径；患者取坐立位，用直尺测量坐骨结节到内收肌的距离。

　　3）测量长度：测量残肢长度（包括骨长和软组织长度），测量股骨末端到残肢末端的距离。

　　4）描述残肢的压痛点、瘢痕、皮肤粘连等。

（二）计算机辅助设计（修型）

通常使用专用软件进行模型的修整，软件中内置大腿模型库（图 6-24-1），可根据患者残肢尺寸，选择适当的模型进行匹配和修整。

图 6-24-1 设计软件中内置的大腿模型库

输入残肢长度、体表测量围长、压缩后围长等数据（图 6-24-2），得到初始阳型。使用软件的尺寸修改功能、接受腔角度调整功能与模拟手动修型功能等，对大腿假肢接受腔模型进行修整，促使内置模型与实际残肢形状更加贴合，确保大腿假肢接受腔的适配性良好。

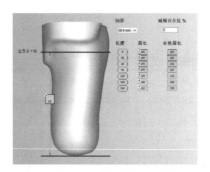

图 6-24-2 选择模型并输入尺寸

修型工具有半径修改、弯曲、伸长、镯线（图 6-24-3）、扭转、平移、对称、镜像、合并、测量、区域、抚平等。为提高准确度，还可导入残肢照片和 X 线片等，以在修型过程中确保接受腔阳型更贴近患者残肢情况。以坐骨结节水平面为起点，保持一定的间隔添加镯线，以随时校准阳型的围长和径长。

图 6-24-3 添加镯线测量围长和径长

使用量角器测量并校正髂骨角，使用直尺测量骨性内外径、前后径、坐骨支到股骨大转子下的距离、大转子到内收肌的距离、坐骨结节到内收肌的距离等。（图6-24-4）

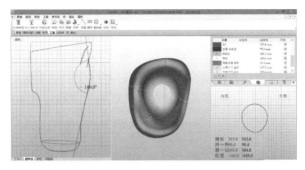

图6-24-4　测量并校准髂骨角，骨性内外径、前后径，坐骨结节到内收肌距离等

对于局部尺寸和形状不符合预期要求的情况，可使用区域功能对该部位进行调整。根据修型需要圈定修改范围，并进行不同程度的压缩或者释放。（图6-24-5）

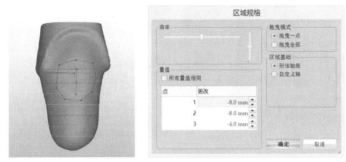

图6-24-5　使用区域功能对模型尺寸和形状进行调整

（三）阳型雕刻

加工仿真是将设计好的模型导入数控加工中心，进行模型定位，调整加工参数，并生成加工文件。CAM系统为七轴数控加工中心（图6-24-6），利用3D减材技术，加工处理聚氨酯硬质泡沫圆柱形毛坯，使毛坯转化成设计好的大腿假肢接受腔阳型（图6-24-7）。

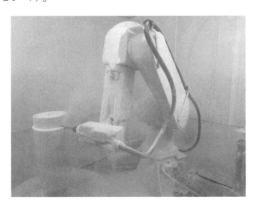

图6-24-6　七轴数控加工中心

图6-24-7　聚氨酯硬质泡沫阳型

假肢矫形器师可对加工出来的接受腔阳型进行尺寸测量，并与测量的残肢尺寸进行对比，确定压缩量是否满足设计要求。

（四）成型

可利用石膏绷带缠绕修整好的阳型或者使用聚丙烯板材成形的方法来进行临时接受腔的制作，通过患者不断试穿反馈信息到计算机中，对接受腔模型进行调整，直到大小合适、各部位舒适、受力均匀。患者穿戴石膏接受腔进行适配和调整如图6-24-8所示。

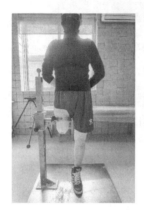

图6-24-8　患者穿戴石膏接受腔进行适配和调整

使用CAD/CAM完成大腿假肢接受腔后，后续的工艺流程和传统大腿假肢制作方法一致，需进行假肢的组装、工作台对线、静态对线、动态对线、正式假肢制作等步骤。

二、小腿假肢计算机辅助设计与制造

假肢矫形器行业的CAD系统最开始是单一的系统，采用假肢模型库的概念为患者制作假肢，后来随着3D扫描技术的成熟，开始使用3D扫描枪获取患者的肢体形状（图6-24-9）并导入计算机进行CAD。

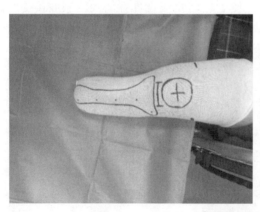

图6-24-9　使用3D扫描枪对残肢进行扫描

小腿截肢后因残肢形状特异性较大，无法通过尺寸测量的方法很好地进行接受腔设计，故需使用 3D 扫描枪扫描残肢形状，在此基础上进行尺寸和形状的调整和修改。扫描前需认真进行查体和精确的尺寸测量，同时应避免扫描背景杂乱。

将扫描文件传入计算机辅助设计软件中进行力线调准并确定标记点，标记位置如髌韧带、胫骨末端、腓骨小头等。（图 6-24-10）

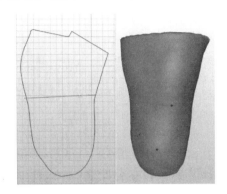

图 6-24-10　导入扫描文件并确定标记点

按照一定的间隔添加镯线，校准残肢扫描体围径（图 6-24-11），利用设计软件的直径涨缩功能对模型进行整体压缩或者释放。

图 6-24-11　添加镯线校准围径

为更好、更便捷地制作出小腿接受腔后侧的两条肌腱通道，可提前制作参考体，并在扫描体中插入参考体，经过调准后进行合成。插入参考体，校准并合成图（图 6-24-12）。

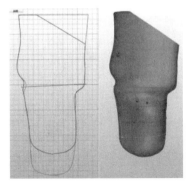

图 6-24-12　插入参考体，校准并合成图

使用区域功能对骨突点或重点受力区域进行精确的修整，可严格设定修改范围和修改程度，通过截面图可准确判断修改的程度是否合适。（图 6-24-13）

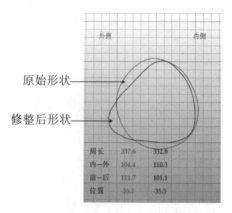

图 6-24-13　腓骨小头水平面的截面图

将修整好的模型传入雕刻设备进行 3D 雕刻，得到阳型。（图 6-24-14）

图 6-24-14　使用聚氨酯硬质泡沫雕刻的小腿假肢接受腔阳型

假肢的 CAD/CAM 过程更加快捷、自动化，避免了假肢矫形器师因经验导致的主观差异，减少了石膏污染，改善了工作环境，建立了患者的假肢电子档案，为后期维修和更换提供了可靠数据参考，同时可以不断累积接受腔的三维模型库，为直接调用口型以设计制作接受腔模型创造更佳便捷的条件。

与此同时，利用计算机进行加工也存在不确定性因素，如残肢尺寸测量是否精准、修改过程是否能够体现残肢原始形状等。需要假肢矫形器师不断总结，减少软件及人工误差，最大限度提高假肢矫形器制作和加工效率。

第二十五章 矫形器计算机辅助设计与制造

一、矫形鞋垫计算机辅助设计与制造

矫形鞋垫计算机辅助设计与制造由一款标准矫形行业专用CAD/CAM系统提供。系统主要由动静态足底压力板、脊背扫描仪、三维足部扫描仪、鞋垫设计软件和数控鞋垫加工制作设备等组成，使矫形鞋垫制作不再需要烦琐的手工取型、修型、手工加热成型等工序，效率高，利于远程操作。

（一）适应证

矫形鞋垫通过改变足接触地面的角度、负重位置，重新分布足底压力和改善下肢力线等方式，可矫正或缓解足外翻、足内翻、拇外翻、足底筋膜炎、跟骨骨刺、跟腱炎，预防老年性退行性骨关节病、习惯性踝关节扭伤和胼胝痛等。

（二）操作流程

CAD鞋垫通过评估设备采集患者足部压力、步态、体态等信息，通过鞋垫设计软件设计制作符合患者特征和鞋型的矫形鞋垫，经由数控鞋垫加工设备一体雕刻成型。

1）患者评估和数据采集。CAD鞋垫通过手法评估（图6-25-1）和设备评估，采集患者足部压力、步态、体态等信息，根据脊背扫描结果（图6-25-2）、足底压力测试结果（图6-25-3）等，部分软件可给出方案设计建议（图6-25-4）。

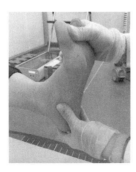
图6-25-1 手法评估

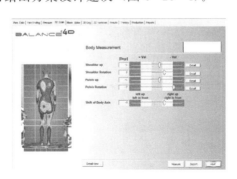
图6-25-2 脊背扫描结果

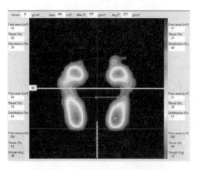

图 6-25-3　足底压力测试结果

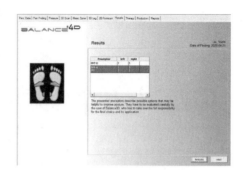

图 6-25-4　方案设计建议

2）通过 3D 足部扫描仪扫描足部（图 6-25-5）生成扫描文件（图 6-25-6）。

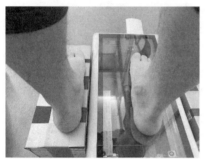
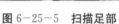

图 6-25-5　扫描足部

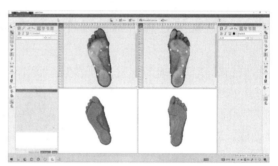

图 6-25-6　扫描文件

3）通过鞋垫设计软件设计制作符合患者特征和鞋型的矫形鞋垫。（图 6-25-7）

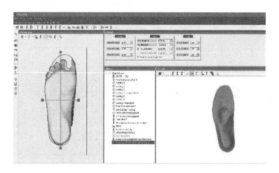

图 6-25-7　软件设计鞋垫

4）使用数控鞋垫加工设备雕刻鞋垫。（图 6-25-8）

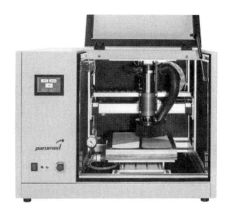

图 6-25-8　数控鞋垫加工

5）最终根据鞋型调整鞋垫形状，并粘贴好表面敷料形成成品。（图 6-25-9）

图 6-25-9　完成鞋垫

二、脊柱侧凸矫形器计算机辅助设计与制造

目前计算机辅助设计与制造已慢慢地在假肢矫形工程专业领域中替代了部分传统工艺，特别是在脊柱侧凸矫形器的制作中，CAD/CAM 现已成为不可或缺的中坚力量。其优势在于：方便快捷，大大提高了工作效率；患者体验感提升，不再需要进行石膏绷带取型；开启了远程合作的可能性，由于互联网的高速发展，患者模型数据传输已相当便捷，这也提升了异地开展脊柱侧凸矫形器制作的可能性。

计算机辅助设计在脊柱侧凸矫形器制作中的应用体现在数据采集、矫形器设计、模型加工等方面。

（一）数据采集

数据采集通常需要用到扫描仪来完成，常用的扫描仪有精度较高的专业扫描仪（图 6-25-10），以及精度较低的便携式扫描仪（图 6-25-11）。对于脊柱侧凸的应用来说，由于体表模型数据较为庞大且对于模型精度的要求并不高，因此便携式扫描仪即可完成数据采集工作。扫描模型展示见图 6-25-12 和图 6-25-13。

图 6-25-10　专业扫描仪　　　　　图 6-25-11　便携式扫描仪

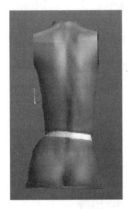

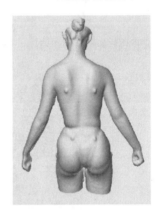

图 6-25-12　扫描模型展示一　　　图 6-25-13　扫描模型展示二

（二）矫形器设计

　　模型数据的处理需要用到专业的 CAD/CAM 软件，假肢矫形器师凭借对患者的评估，以及软件的相关功能，可以更好地进行患者模型与 X 线片的对比（图 6-25-14），这大大提高了脊柱侧凸矫形器设计的精准性。假肢矫形器师可根据自己的经验完成对患者模型数据的压力区设计（图 6-25-15）、释放区设计，以及确定剪裁线（图 6-25-16），进行随后的模型加工。

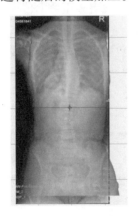

图 6-25-14　模型图像对比　　图 6-25-15　压力区设计　　图 6-25-16　确定剪裁线

（三）模型加工

脊柱侧凸的 CAD/CAM 加工主要有两种方式，分别是减材模式的 3D 雕刻（图 6－25－17）和增材模式的 3D 打印（图 6－25－18）。两种方式加工出来的模型也有不同：减材模式 3D 雕刻出来的为患者模型的阳型，雕刻机器人自由度及雕刻刀路设计决定了雕刻时长，后续还需要根据患者情况选取合适的热塑板材进行热塑成型；增材模式 3D 打印出来的模型则为最终的产品，其主要技术有 FDM、SLS、SLA、PolyJet 等，不同材料有不同的加工方式，也影响着加工的时间及结构强度。

图 6－25－17　3D 雕刻　　　　图 6－25－18　3D 打印

CAD/CAM 只是假肢矫形器师操作的工具，矫形器设计的好与坏并不取决于是否运用了 CAD/CAM 技术，而是取决于相关技术人员的技能与经验及对患者的评估。

三、头颅矫形器计算机辅助设计与制造

（一）概述

平头（图 6－25－19）、偏头（图 6－25－20）、舟状头（图 6－25－21）等头部骨骼畸形，一般多发于婴儿时期，出现在婴儿头部的后面和两侧。出现这种表现，除去颅缝早闭等病理性原因，一般是由于照顾婴儿的方法不妥当，或者长时间让婴儿头部接触较硬的平面造成的，有时多胞胎在子宫内空间紧凑、互相挤压，也会造成颅骨变形。当婴儿出现了颅骨变形后，家长无需过多自责和焦虑，这类非病理性颅骨变形是可以通过后期外界干预改善的。

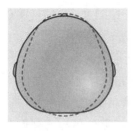
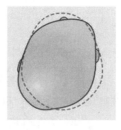
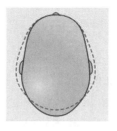

图 6-25-19 平头   图 6-25-20 偏头   图 6-25-21 舟状头

（二）非病理性颅骨畸形的头盔矫正治疗

临床一般会为 18 个月以下月龄的婴儿制作矫形头盔，用以矫正变形的颅骨，8 个月月龄以下为最佳，超过 18 个月，婴儿头骨逐渐变硬，很难保证矫正效果。

无论是哪种类型的颅骨变形，和正常颅骨相比我们都能比较容易地找到过突出和过凹陷的部分，而矫形的原则就是阻止突出部分继续突出，让凹陷部分逐渐长平，最后形成接近正常的头型。

1. 头部评估

头部评估能让矫形器师对患儿的头部变形程度有一个具体直观的了解，在后期的头盔制作中做到有的放矢。

1）头指数。头指数的计算公式：颅宽÷颅长×100。正常头指数在 76~80，根据患儿种族和年龄的不同会有细微差别。我们使用标准差（standard deviation，SD）来表述患儿头颅变形程度和正常值之间的差距。SD 数值为正数时，颅骨宽于正常值；SD 数值为负数时，颅骨窄于正常值。

2）经颅斜径差（cranial vault asymmetry，CVA），是前后最长和最短的对角线之差，以毫米为计量单位（图 6-25-22）。CVA 为 10~12mm，为中度畸形；CVA>12mm，为重度畸形。

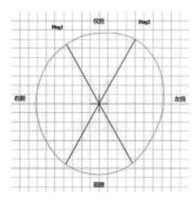

图 6-25-22 CVA

3）不对称指数（CVAI）。CVAI 是由 CVA 数值除以上述两个对角线中较短对角线的数值得到的。这个数值和患儿头部的生长成比例，不受年龄的限制，因此十分具有参考价值。6.25<CVAI≤8.75，为中度畸形；CVAI>8.75，为重度畸形。

2. 沟通

在临床治疗中，和患者及其家属的沟通尤为重要，清晰的表达、亲切的态度能够帮助患者及其家属消除焦虑情绪，尽快进入治疗状态，获得良好的心态，这对治疗师来说，治疗效果将会事半功倍。

在治疗过程中需要督促患儿家属更多注意患儿日常的趟坐姿，不要长时间维持在同一种姿势状态下。建议更多的俯卧，以减少头部的压力，有意识地锻炼患儿自主使用颈部、身体肌肉的意识，这能够帮助患儿学会滚动、坐下和爬行。如果患儿的颈部肌肉力量不平衡，或者发育比较迟缓，建议在此时介入物理治疗。

3. 制作

1）取型。CAD技术已经应用到了临床治疗的各个方面，用3D扫描仪（图6-25-23）对患者头部进行建模，在时间上几乎只需花费传统做法时间的一半。婴儿头部面积不大，且颅骨较软，对压力的反应会比较敏感。这种应用计算机技术制作的头盔，从根本上排除了因石膏膨胀变形造成的一系列误差。

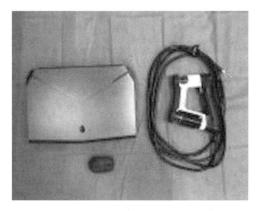

图6-25-23　3D扫描仪和配套电脑设备

2）修型。通过获取第一步评估的数据及扫描的模型，矫形器师对患儿的头部情况有了一个具体的了解，接下来就是使用软件将模型按照需要的形状进行修整，做到"凸处限制，凹处释放"（图6-25-24），最终给患儿头部提供向正常头型生长的趋势（图6-25-25）。

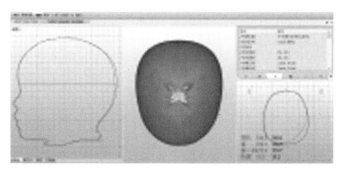

图6-25-24　头盔修型一

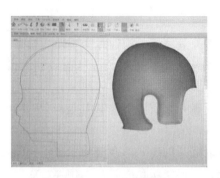

图6-25-25　头盔修型二

3）雕刻成型。修整好的模型数据交由仿真软件仿真，机械臂根据刀路雕刻泡沫胚，实现从数据到实体的转化，最后获得完整的头部模型（图6-25-26）。在此模型的基础上应用真空热塑成型技术制作头盔，矫形头盔由内层泡沫和外层板材构成。因为患儿在佩戴头盔过程中，生长情况各有不同，需要由技师根据患儿头部的状态定期削减泡沫，调整头盔，所以内层泡沫要具备足够的厚度（约1cm）且可以提供恰当的支撑力（图6-25-27）。

图6-25-26　头盔雕刻　　　　　图6-25-27　头盔成品

（三）适配

佩戴头盔后，技师和家长要时刻关注患儿的皮肤状态，如有过敏应立刻摘下排除过敏原。归家后家长应注意每日进行头盔清洁，防止细菌的滋生。刚刚开始佩戴头盔的患儿可能会出现不适应，想摘掉头盔，此时需要技师和家长合理引导，降低排斥感，一般两周左右孩子就能够完全适应头盔了。

佩戴后的2~3天需要用卡尺测量患儿头部的尺寸并进行记录，两周左右复查一次，判断头盔是否需要调整。此年龄段的孩子生长速度很快，技师无法做到实时跟踪，这就需要家长和技师配合，常检查，多测量，勤沟通，帮助患儿尽快矫正好变形的颅骨。

（四）颅缝早闭术后的头盔矫正治疗

婴儿自出生起的最初6个月大脑生长发育迅速，脑容积短时间内可以增长为出生时的 6 倍，到婴儿 2 岁时大脑的容积将再次增长 1 倍。在此期间，任何限制颅骨生长的因素（如颅骨早闭）都会引起头部其他部位补偿性生长，最终造成头颅畸形。颅缝早闭的整体发病率大约为千分之 0.6，各人类种族基本一致。颅缝示意图及颅缝早闭导致的不同头颅畸形见图 6－25－28、图 6－25－29。

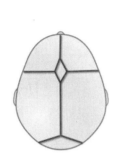
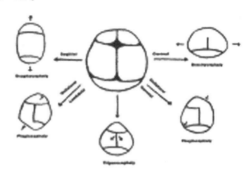

　　图 6－25－28　颅缝示意图　　　图 6－25－29　颅缝早闭导致的不同头颅畸形

　　颅缝早闭会造成许多不良影响，因脑组织被不自然挤压变形，患儿可出现颅内压增高，引起剧烈头痛、喷射性呕吐、精神错乱、智力障碍、视力障碍、颅面部发育障碍、颅面鼻发育不良等，患儿图见图 6－25－30。

　　治疗颅缝早闭必须进行手术，目前根据患者具体情况主要采用 CVR 传统开颅重建手术或微创手术进行颅骨的部分切除重建，以塑造正常的颅骨形状。

　　术后矫正头盔应用在此类手术之后，用于头颅固定、定型，巩固手术效果。它可以在矫正既存畸形、引导正常发育的同时进行头颅保护，是术后治疗十分重要的一环。头盔的制作方法和上述矫形头盔基本一致，核心在于根据不同患儿情况进行有针对性的设计，佩戴矫形头盔的治疗过程见图 6－25－31。

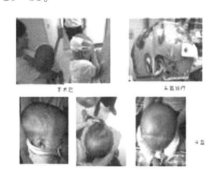

　　图 6－25－30　患儿图　　　　　图 6－25－31　治疗过程

四、踝足矫形器、膝踝足矫形器计算机辅助设计与制造

　　计算机辅助设计与制造踝足矫形器、膝踝足矫形器需要先为患者进行全面、充分的功能检查，并确定患者的康复目标，综合其他治疗方法及因素，为患者制订最佳的踝足矫形器、膝踝足矫形器处方。

（一）检查评估

1. 整体观察

1）观察患者整体情况。

2）观察患者下肢状态，是否有运动障碍、关节活动度是否受限。

3）有无骨折未愈，伤口有无红、肿、热、痛，是否有压疮。

4）检查患者坐位平衡是否正常，其间可以询问有无其他病史。

2. 感觉检查

踝足矫形器、膝踝足矫形器使用时会接触患者皮肤，如果患者皮肤的浅感觉有损伤，对于关节深感觉功能丧失的患者所表现的运动不协调，矫形器是无法矫正的。

3. 关节活动度检查

关节活动度可以通过关节的主动运动和被动运动来评估。对关节活动度的评估可以作为选择矫形器的辅助条件，如是否需要限制关节活动、是否需要稳定关节、是否需要矫正关节畸形等。

4. 肌力检查

假肢矫形器师可通过徒手肌力检查来确定肌力等级。检查肌肉或肌群时，关节上部节段需固定，阻力的拉伸方向要尽可能地接近肌肉或肌群的拉伸方向，以确保测量的准确性。

（二）处方制订

在康复协作组综合评估后，根据对患者的评估结果，结合患者的康复目标及家庭经济能力制订矫形器处方。

五、踝足矫形器计算机辅助设计与制造流程

（一）测量

给患者穿戴取型袜，用记号笔标记骨突处及需要特殊注意的部位，如腓骨小头，内外踝，足舟骨，第一、第五跖趾关节，跟腱走向及其他骨性标志。填写患者基本信息及测量尺寸。

测量尺寸包括跖趾关节宽度、内外踝宽度、踝关节中立位时腓骨小头距地面高度、内外踝距地面高度、小腿最粗处围长、足长，足的轮廓的相关尺寸。

踝足矫形器（AFO）尺寸表见图 6-25-32 和图 6-25-33。

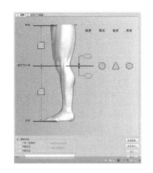 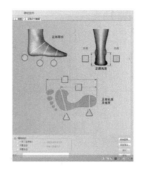

图 6-25-32　AFO 尺寸表一　　图 6-25-33　AFO 尺寸表二

（二）3D 扫描

调整座椅高度，尽量保证患者在有效跟高的基础上使踝关节保持中立位时进行 3D 扫描。（图 6-25-34）

图 6-25-34　踝足扫描

（三）CAD/CAM 修型

1）CAD/CAM 的修型：把扫描文件导入修型软件中进行操作（图 6-25-35）。

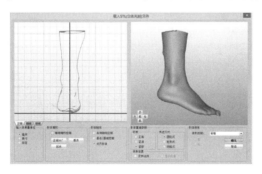

图 6-25-35　AFO 扫描文件导入

2）先对模型进行御容，切割高度及长度，再对踝关节进行弯曲，调整踝关节所需要的角度。踝关节角度调整前后见图 6-25-36、图 6-25-37。

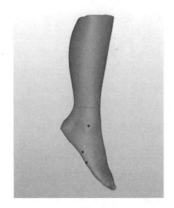 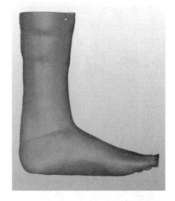

图 6-25-36　踝关节角度调整前　　　图 6-25-37　踝关节角度调整后

3）伸缩（图 6-25-38、图 6-25-39）：对模型小腿近端及脚的跖趾关节进行伸缩处理。

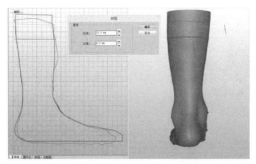 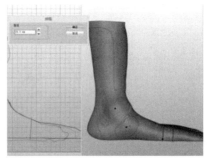

图 6-25-38　小腿近端伸缩　　　　图 6-25-39　跖趾关节伸缩

4）旋转：对足的内翻或者外翻进行调整，足部调整前后如图 6-25-40、图 6-25-41 所示。

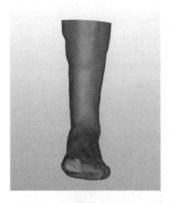 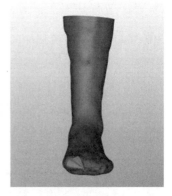

图 6-25-40　调整前的足部（足内翻）　　　图 6-25-41　调整后的足部

5）添补骨凸点。对各个骨凸点进行增补（图 6-25-42）。

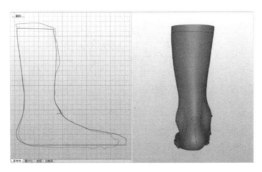

图 6-25-42　踝足各个骨凸点的处理

6）抚平、御容：对模型表面及添补的骨凸点进行抚平、局部打磨、御容等操作（图 6-25-43、图 6-25-44），这样就完成了修型的操作。

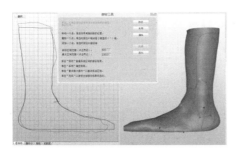

图 6-25-43　AFO 抚平

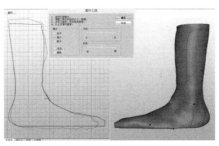

图 6-25-44　AFO 御容

（四）CAD/CAM 仿真

把修好的模型导入仿真软件，进行仿真。（图 6-25-45）

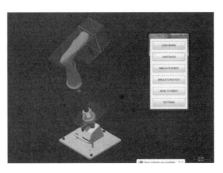

图 6-25-45　AFO 模型仿真

（五）CAD/CAM 雕刻、热塑成型、成品加工

把仿真处理完的踝足矫形器模型导入雕刻机中，完成雕刻，得到一个模型，进行热塑成型、切割、打磨、成品加工，得到一个成品踝足矫形器。这样就完成了 CAD/CAM 的踝足矫形器设计与制作（图 6-25-46）。

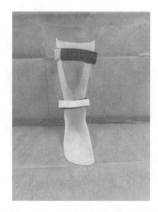

图 6-25-46　成品踝足矫形器

六、膝踝足矫形器计算机辅助设计与制造流程

（一）测量

根据膝踝足矫形器取型测量表（图 6-25-4、图 6-25-48）填写相关信息及尺寸，包括足长、足的轮廓、跖趾关节宽度、内外踝宽度、腓骨小头宽度、小腿最粗处围长、膝关节间隙距地面的距离、膝关节处的宽度、髁上宽度、股骨大转子距地高度、会阴到地面的距离、会阴到股骨大转子的宽度及围长。

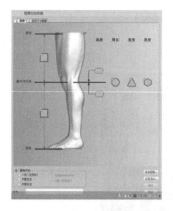
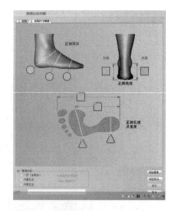

图 6-25-47　膝踝足矫形器尺寸表一　　　图 6-25-48　膝踝足矫形器尺寸表二

（二）3D扫描

膝踝足矫形器 CAD/CAM 模型建立一般有两种方法，扫描（图 6-25-49）及测量尺寸。扫描时需要患者处于俯卧位，测量尺寸则需要把测量好的尺寸数据导入数据库中建立模型。

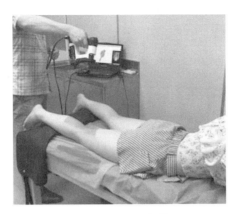

图 6-25-49 扫描

（三）CAD/CAM 修型

1）伸缩（图 6-25-50、图 6-25-51）：先对模型的大腿近端部分及足部跖趾关节部分进行伸缩处理。

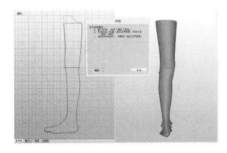

图 6-25-50 对大腿近端进行伸缩一

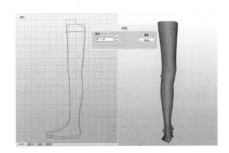

图 6-25-51 对大腿近端进行伸缩二

2）终端裁剪（图 6-25-52）：切割模型大腿近端及足部前端不规则的模块。

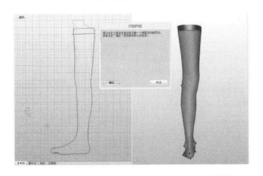

图 6-25-52 切割大腿近端不规则模块

3）添补各个骨凸点。（图 6-25-53）

图6-25-53　添补各个骨凸点

4）抚平、御容（图6-25-54）：局部打磨，将模型表面打磨光滑。

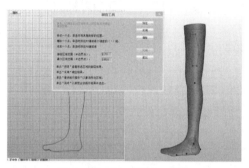

图6-25-54　抚平、御容

5）限制旋转（图6-25-55）：调整足的内翻、外翻角度。

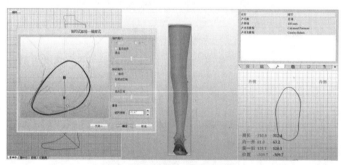

图6-25-55　限制旋转

6）KAFO平移。（图6-25-56）

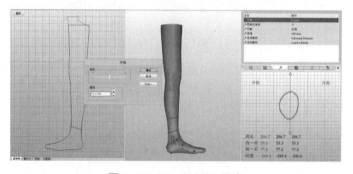

图6-25-56　KAFO平移

7）再次进行御容、局部打磨。（图6－25－57）

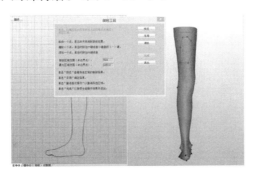

图6－25－57 御容、局部打磨

8）定向缩放（图6－25－58）：调整大腿或者足部。

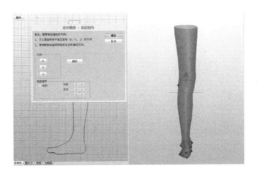

图6－25－58 定向缩放

9）添加敷贴、修辑区域。（图6－25－59）

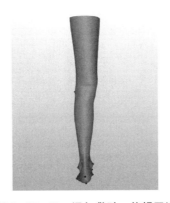

图6－25－59 添加敷贴、修辑区域

10）弯曲（图6－25－60）：调整膝关节、踝关节的角度。

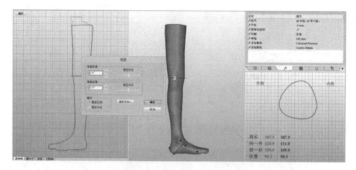

图 6-25-60　弯曲

11）切割（图 6-25-61），定向缩放，局部打磨，御容。

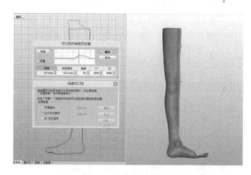

图 6-25-61　切割

12）添加及修辑开口线。（图 6-25-62）

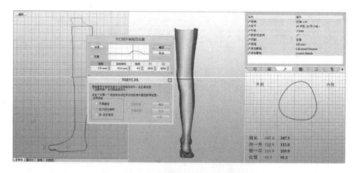

图 6-25-62　添加及修辑开口线

（四）CAD/CAM 仿真

把修好的模型导入仿真软件，进行仿真。（图 6-25-63）

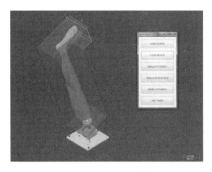

图6-25-63　**仿真**

（五）CAD/CAM雕刻、热塑成型、成品加工

把仿真完的膝踝足矫形器模型软件插入雕刻机中，完成雕刻，得到一个模型（图6-25-64），进行热塑成型（图6-25-65），切割、打磨，成品加工，得到一个成品膝踝足矫形器（图6-25-66）。这样就完成了CAD/CAM的膝踝足矫形器的制作。

图6-25-64　**雕刻成型**

图6-25-65　**热塑成型**

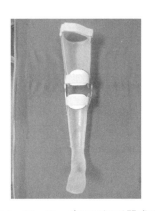

图6-25-66　**膝踝足矫形器成品**

七、上肢矫形器计算机辅助设计与制造

相比下肢矫形器，上肢矫形器较少涉及承重功能，并且上肢矫形器个性化需求程度高于下肢矫形器。3D打印上肢矫形器相较传统石膏取型，提供了更方便、快捷的上肢矫形器制作方法，并且3D打印产品极大地提升了透气性、舒适度和美观度。

制作CAD/CAM上肢矫形器首先需要扫描患者的手部（图6-25-67），将扫描数据导入设计软件，按方案设计出腕手矫形器（图 6-25-68），其镂空和图案都可以个性化定制，然后进行 3D 打印（图 6-25-69），打印出的产品可以直接给患者穿戴。

　　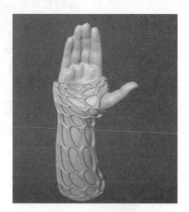

图 6-25-67　手部扫描图形　　　　　图 6-25-68　腕手矫形器设计

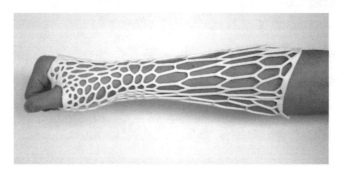

图 6-25-69　3D 打印腕手矫形器

八、坐姿矫形器计算机辅助设计与制造

多数脊髓损伤患者、基因疾病患者及一些罕见病患者会由于抗重力肌导致身体出现一些变形，导致想要对患者进行体表数据采集难度大大增加，但是 CAD/CAM 系统的出现为临床解决了这个尤为困难的问题。

坐姿矫形器的 CAD/CAM 临床中大体可分为两种：对于身体还未出现明显变形的患者，一般选择使用躯干矫形器进行控制；对于身体已经出现明显体表变形的患者，则需要使用坐姿矫形器进行干预。

（一）躯干矫形器

一般选择让患者躺在真空取型垫上，在仰卧位脊柱放松时通过对真空取型垫的调整以达到对躯干畸形的控制（图 6-25-70），真空取型垫抽真空后，模型即可固定成型，通过分别扫描前后两个平面的模型（图 6-25-71、图 6-25-72），再将前面及后面两个模型进行拼接，即可得到患者体表模型（图 6-25-73），随后即可进行相应的设计。

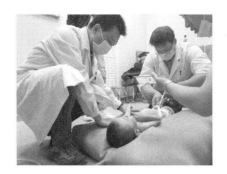

图 6−25−70　躯干畸形控制

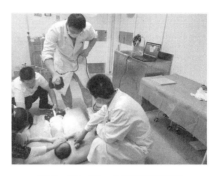

图 6−25−71　扫描前面模型

图 6−25−72　扫描后面模型

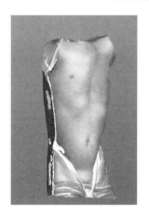

图 6−25−73　体表模型

（二）坐姿矫形器

使用坐姿矫形器的患者体表已出现明显的畸形，坐姿矫形器发挥良好的效果的基础是轮椅适配。首先，我们应测量采集好轮椅的座宽、座深、腿长、扶手高度、靠背高度等诸多数据（图 6−25−74）以达到轮椅良好的适配性，在此基础上加置坐垫控制部分及靠背控制部分，患者先在真空取型上进行调整，控制躯干相应的变形，再抽真空得到固定成型的模型，通过扫描的方式进行数据采集（图 6−25−75），进行随后坐垫和靠背的加工设计，形成成品（图 6−25−76）。

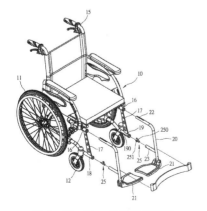

图 6−25−74　轮椅数据采集

图 6−25−75　数据采集

图 6-25-76　成品展示

第二十六章　赝复体计算机
辅助设计与制造

　　3D打印技术制作头面部赝复体是相对容易且廉价的，其所达到的美学效果也是令人满意的。运用3D扫描技术可以精准地复制肢体形状，在设计软件中镜像健侧形状，模拟实现与残肢的对位与角度，精准性更好。设计完成后需要3D打印模具，然后用硅胶浇注。硅胶打印技术目前仍在研发中。头部、患侧扫描图形及镜像健侧图形、残肢对位、3D打印模具设计见图6-26-1~图6-26-5。

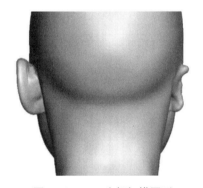

图6-26-1　头部扫描图形

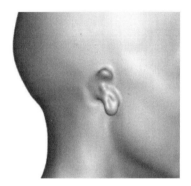

图6-26-2　患侧扫描图形

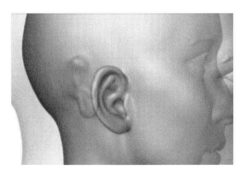

图6-26-3　镜像健侧图形

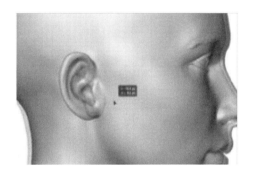

图6-26-4　残肢对位

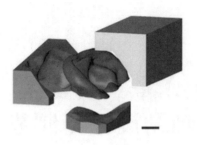

图 6-26-5 3D打印模具设计

参考文献

[1] Bosse M J，MacKenzie E J，Kellam J F，et al. A prospective evaluation of the clinical utility of the lower−extremity injury−severity scores [J]. J Bone Joint Surg Am，2001，83 (1)：3−14.

[2] Cerny D，Waters R，Hislop H，et al. Walking and wheelchair energetics in persons withparaplegia [J]. Phys Ther，1980，60 (9)：1133−1139.

[3] Dong R，Jiang W，Zhang M，et al. Review：hemodynamic studies for lower limb amputation and rehabilitation [J]. J of Mechanics in Med and Biol，2015，15 (4)：1530005.

[4] Fuller E，Schroeder S，Edwards J. Reduction of peak pressure on the forefoot with a rigid rocker−bottom postoperative shoe [J]. J Am Podiatr Med Assoc，2001，91 (10)：501−507.

[5] Gravlee J R，Van Durme D J. Braces and splints for musculoskeletal conditions [J]. Am Fam Physician，2007，75 (3)：342−348.

[6] Johnson R M，Hart D L，Simmons E F，et al. Cervical orthoses：a study comparing their effectiveness in restricting cervical motion in normal subjects [J]. J Bone Joint Surg (AM)，1977，59：332.

[7] Lee L W，Kerrigan D C. Dynamic hip flexion contractures [J]. Am J Phys Med Rehabil，2004，83 (8)：658.

[8] Long J T，Klein J P，Sirota N M，et al. Biomechanics of the double ocker sole shoe：gait kinematics and kinetics [J]. J Biomech，2007，40 (13)：2882−2890.

[9] Maiman D，Millington P，Novak S，et al. The effects of the thermoplastic Minerva body jacket on the cervical spine motion [J]. Neurology，1989，25：363−368.

[10] Savji N，Rockman C B，Skolnick A H，et al. Association between advanced age and vascular disease in different arterial territories [J]. J Am Coll Cardiol，2013，61 (16)：1736−1743.

[11] Sheehan T P，Gondo G C. Impact of limb loss in the United States [J]. Phys Med Rehabil Clin N Am，2014，25 (1)：9−28.

[12] Subedi B，Grossberg G T. Phantom limb pain：mechanisms and treatment

approaches [J]. Pain Res Treat, 2011: 864605.

[13] Topal A E, Eren M N, Celik Y. Lower extremity arterial injuries over a six year period: outcomes, risk factors, and management [J]. Vasc Health and Risk Manag, 2010, 6 (1): 1103—1110.

[14] Varma P, Stineman M G, Dilingham T R. Epidemiology of limb loss [J]. Phys Med Rehabil Clin N Am, 2014, 25 (1): 1—8.

[15] Ziegler Graham K, MacKenzie E J, Ephraim P L, et al. Estimating the prevalence of limb loss in the United States: 2005—2050 [J]. Arch Phys Med Rehabil, 2008, 89 (3): 422—429.

[16] Beil T L, Street G M. Comparison of interface pressures with pin and suction systems [J]. J Rehabil Res Dev, 2004, 41 (6A): 821—828.

[17] Saunders C, Foort J, Bannon M, et al. Computer aided design of prosthetic sockets for below—knee amputees [J]. Prosthetics and Orthotics International, 1985 (9): 17—22.

[18] Lawrence R, Knox W, Crawford H. Prosthetic shape replication using a computer controlled carving technique [J]. Prosthetics and Orthotics International, 1985 (9): 23—26.

[19] Klasson B. Computer aided design, computer aided manufacture and other computer aids in prosthetics and orthotics [J]. Prosthetics and Orthotics International, 1985 (9): 3—11.

[20] Lemaire E. A CAD analysis programme for prosthetics and orthotics [J]. Prosthetics and Orthotics International, 1994 (18): 112—117.

[21] Stevens M, Hollier H, Stal S. Post—operative use of remoulding orthoses following cranial vault remodelling: a case series [J]. Prosthetics and Orthotics International, 2007, 31 (4): 327—341.

[22] Rogers B, Bosker W, Crawford R, et al. Advanced trans—tibial socket fabrication using selective laser sintering [J]. Prosthetics and Orthotics International, 2007, 31 (1): 88—100.